HISTOIRE NATURELLE

DES MAMMIFÈRES.

PAR

M. LE CHEVALIER RÉGLEY.

LIMOGES.

BARBOU FRÈRES, IMPRIMEURS-LIBRAIRES.

BIBLIOTHÈQUE

CHRÉTIENNE ET MORALE,

APPROUVÉE

PAR MONSEIGNEUR L'ÉVÊQUE DE LIMOGES,

Tout exemplaire qui ne sera pas revêtu de notre griffe sera réputé contrefait et poursuivi conformément aux lois.

HISTOIRE NATURELLE,

Venez enfants, venez voir des animaux

HISTOIRE NATURELLE

DES

MAMMIFÈRES,

PAR

M. LE CHEVALIER REGLEY.

LIMOGES,

CHEZ BARBOU FRÈRES, IMPR.-LIBRAIRES.

—

1847.

Les mammifères occupent une trop grande place dans l'histoire naturelle pour qu'un écrivain qui s'est voué à l'éducation de la jeunesse manque d'offrir à ses jeunes élèves un petit volume de l'étude si intéressante de ces animaux, qui servent à l'homme;

et que Dieu a placés autour de lui pour l'aider dans les besoins de la vie et même pour le nourrir. Un jeune naturaliste qui déjà a quelques connaissances de l'entomologie, et de l'histoire des reptiles et des oiseaux publiée par le même auteur dans deux petits volumes qui ont déjà paru, trouvera dans ce petit abrégé de l'histoire des mammifères des notions préliminaires qui le mettront en état de lire avec plus de fruit tous les ouvrages que nous ont laissés les écrivains célèbres qui se sont occupés de cette partie si intéressante de l'histoire naturelle.

L'auteur a persisté, dans ce petit volume, à suivre la méthode adoptée dans les deux autres : c'est toujours un bon père rempli de sollicitude pour ses deux enfants, dont l'éducation l'occupe sans cesse, qui leur apprend à connaître et à admirer toutes ces merveilles de la création. Il profite de toutes les circonstances que lui offrent ces intéressantes leçons pour appeler leur attention sur tous ces bienfaits de la Providence. Adolphe et Zoé, ses deux enfants, studieux et obéissants, lui donnent tous les jours des preuves de leur intelligence et de leur application à écouter ses instructives leçons, et paraissent reconnaissants de tant de bonté.

Si notre ouvrage sur les mammifères est aussi bien accueilli que l'ont été les deux précédents volumes, relatifs aux insectes, aux reptiles et aux oiseaux, nous nous estimerons heureux d'avoir donné au public un nouvel abrégé d'histoire naturelle destiné à la jeunesse : heureux si nous pouvons contribuer ainsi à l'éducation morale des jeunes gens, auxquels les merveilles de la nature inspirent ordinairement des sentiments religieux en portant leur cœur et leur reconnaissance vers l'Etre suprême, créateur de toutes choses.   1..

PREMIÈRE LEÇON.

Monsieur de Luçon, qui avait promis à Adolphe
et à Zoé, ses deux enfants, auxquels il donnait des
leçons d'histoire naturelle depuis quelques années, de
passer en revue avec eux les divers ordres d'animaux

que les naturalistes ont classés par espèces, avait terminé sa dernière leçon par l'histoire des oiseaux, et n'avait pu s'empêcher, en finissant cette partie si intéressante de l'histoire naturelle, de les féliciter de leur attention persévérante à écouter ses leçons, et, pour les récompenser, il leur avait promis de commencer le lendemain l'histoire des mammifères.

Les enfants s'empressèrent, à l'heure indiquée, de se réunir dans le cabinet de leur excellent père, qui avait dû disposer toutes sortes de gravures concernant les mammifères; et, après s'être félicités mutuellement de leur exactitude, Adolphe disait à Zoé :

— Je crois véritablement que papa nous fait des compliments sur notre assiduité à l'écouter pour nous encourager à l'entendre jusqu'au bout; il est vraiment trop bon. Je ne vois pas là un grand mérite, à apprendre ce qui amuse en s'instruisant; je ne regarde pas ces leçons-là comme un travail, mais plutôt comme une récréation à laquelle je me laisse entraîner bien volontiers.

ZOÉ.

Tu as bien raison : c'est pour moi le meilleur moment de la journée; c'est un plaisir que je partage bien avec toi; et depuis que cette étude de la nature nous occupe, je me sens tout autre. Tous ces animaux qui nous entourent m'intéressent : je sais maintenant qu'ils ont les mêmes sensations que nous; l'instinct des insectes ne le cède en rien à l'instinct et à l'intelligence des oiseaux, et l'histoire des autres animaux supérieurs, que papa nous promet, m'inspire une curiosité telle que je préfèrerais le plaisir de l'entendre à toutes les récréations qui me seraient offertes.

ADOLPHE.

Je suis parfaitement de ton avis, ma chère petite sœur, et je n'ai peur que d'une chose : c'est que lorsque les descriptions des quadrupèdes et des mammifères seront épuisées, notre bon père ne veuille plus continuer à nous apprendre encore quelque autre chose.

ZOÉ.

Peut-être ! Plusieurs fois je l'ai surpris nous préparant d'autres leçons, et je ne serais pas étonnée qu'après l'histoire naturelle, il n'ait la bonté de nous proposer des leçons de physique et de chimie.

ADOLPHE.

Quel bonheur si cela pouvait être ! je sais que ce sont des sciences bien curieuses; puis il serait si doux de pouvoir nous dire un jour, lorsque nous serions bien instruits : C'est notre bon père qui nous a appris tout cela.

ZOÉ.

Allons donc bien vite lui demander l'histoire des mammifères; je crois que c'est par elle qu'il doit commencer.

Les deux aimables enfants allèrent trouver bien

du toucher s'estime d'après le nombre et la mobilité des doigts, et d'après la manière plus ou moins profonde dont leur extrémité est enveloppée dans l'ongle ou dans le sabot, qui émousse le tact, et rend le pied incapable de saisir.

» L'extrême opposé est quand un ongle formé d'une seule lame ne couvre qu'une des surfaces du bout du doigt, et laisse à l'autre face toute sa délicatesse.

» Le régime ou le genre de nourriture se juge par les dents mâchelières, à la forme desquelles répond toujours l'articulation des mâchoires.

ADOLPHE.

Alors on connaît aux dents ce que mange un animal ?

M. DE LUÇON.

Oui, mon ami : pour couper de la chair, par exemple, il faut des mâchelières tranchantes comme une scie, et les mâchoires serrées comme des ciseaux, qui ne puissent que s'ouvrir et se fermer.

» Pour broyer des grains et des racines, il faut des mâchelières à couronnes plates, et des mâchoires qui puissent se mouvoir horizontalement ; il faut encore, pour que la couronne de ces dents soit toujours inégale comme une meule, que sa substance soit formée de parties inégalement dures, et dont les unes s'usent plus vite que les autres. Les bœufs, dont u parlais tout à l'heure, Zoé, qui ont le toucher si obtus, ainsi que tous les animaux à sabot, sont de nécessité herbivores, ou à couronnes des mâchelières plates, parce que leurs pieds ne leur permettraient pas de saisir une proie vivante.

» Les animaux à doigts onguiculés sont, au contraire, susceptibles de plus de variétés ; il y en a de tous les régimes, et, outre la forme des mâchelières, ils diffèrent encore beaucoup entre eux par la mobilité et la délicatesse de leurs doigts. On a surtout observé, à cet égard, un caractère qui influe prodigieusement sur l'adresse, et multiplie leurs moyens d'industrie : c'est la faculté d'opposer le pouce aux autres doigts pour saisir les plus petites choses, ce qui constitue la main proprement dite ; faculté qui est portée à son plus haut degré de perfection dans l'homme, où l'extrémité antérieure tout entière est libre, et peut être employée à la préhension.

» Ceci posé, vous voilà fixés pour reconnaître les

divers ordres des animaux supérieurs, tous classés d'après ces différences : le toucher, le régime, autrement dit la sensibilité des pieds et des pattes, et le genre de nourriture. Nous allons commencer par les ruminants : c'est l'ordre peut-être le plus naturel et le mieux déterminé de la classe; car ces animaux ont l'air d'être presque tous construits sur le même modèle, et les chameaux seuls présentent quelques exceptions aux caractères communs.

» Le nom de ruminant indique la faculté singulière de ces animaux, de mâcher une seconde fois les aliments, qu'ils ramènent dans la bouche après une première déglutition, faculté qui tient de la structure de leurs estomacs. Ils en ont toujours quatre, dont les trois premiers sont disposés de façon que les aliments peuvent entrer à volonté dans l'un des trois, parce que l'œsophage aboutit au point de communication.

» Les ruminants sont de tous les animaux ceux dont l'homme tire le plus de parti ; il peut manger de tous, et c'est même d'eux qu'il tire presque toute la chair dont il se nourrit. Plusieurs lui servent de bêtes de somme ; d'autres lui sont utiles par leur lait, leur suif, leur cuir, leurs cornes et d'autres productions.

» Voyez les bœufs, par exemple ; ils ont les cornes dirigées de côté et revenant vers le haut ou en avant, en forme de croissant ; ce sont d'ailleurs de grands animaux à mufle large, à taille trapue, à jambes robustes. De quelle utilité, ils ne sont pas pour l'homme, qui s'en sert pendant leurs vie, et ne laisse rien perdre de leur corps, depuis les cornes jusqu'aux sabots , après leurs mort !

» Il en est de même de l'aurochs des Allemands , du zubr des Polonais , du bison des anciens. Ce dernier passe d'ordinaire, mais à tort, pour la souche sauvage de nos bêtes à cornes : il s'en distingue par son front bombé, plus large que haut ; par l'attache de ses cornes, par la hauteur de ses jambes, par une paire de côtes de plus, par une sorte de laine crépue qui couvre la tête et le cou du mâle, et lui forme une barbe courte sous la gorge ; par sa voix grognante. C'est un animal farouche, réfugié aujourd'hui dans les grandes forêts marécageuses de la Lithuanie et du Caucase, mais qui vivait autrefois dans toute l'Europe tempérée ; c'est le plus grand des quadrupèdes propres à l'Europe.

Les Mammifères.   2

ZOÉ.

En voici encore un autre qui ressemble un peu au bœuf.

M. DE LUÇON.

C'est le buffle du Cap ; il a les cornes très-grandes, dirigées de côté et en bas, remontant de la pointe, aplaties et tellement larges à leur base qu'elles couvrent presque tout le front, ne laissant entre elles qu'un espace triangulaire, dont la pointe est en haut. C'est un très-grand animal, d'un naturel excessivement féroce, qui habite les bois de la Cafrerie.

» Vous pouvez voir qu'il y en a plusieurs espèces: le bœuf musqué d'Amérique, le yack ou vache grognante de Tartarie, le buffle ordinaire, le bisson d'Amérique ; tous font partie du genre bœuf. Vous les connaissez assez pour que nous ne nous arrêtions pas davantage sur leurs mœurs. Les bœufs sauvages peuvent être terribles et féroces, mais nos bœufs domestiques sont doux comme des agneaux, et se laissent conduire par un enfant.

ZOÉ.

En parlant d'agneaux, voici les moutons, je les reconnais.

M. DE LUÇON.

Oui, ce sont eux ; ils ont les cornes dirigées en arrière, et rarement plus ou moins en avant en spirale.

2.

»Voici le mouflon d'Afrique; il a le poil **roussâtre**, doux, avec une longue crinière pendante sous le cou, et une autre pendante aussi au poignet ; la queue est courte. Le mouflon habite les **contrées** rocailleuses de la Barbarie ; c'est de lui ou de l'argoli de Sibérie que l'on croit pouvoir dériver les races de nos bêtes à laine, animaux qui, après le chien, sont soumis à plus de variétés.

»Le mouflon de Sardaigne, le mouflon d'Amérique, sont rangés dans ce genre.

ZOÉ.

Voici les chèvres ; mais elles ne ressemblent guère aux moutons.

M. DE LUÇON.

Aussi les sépare-t-on. On les reconnaît à leurs

cornes, dirigées en haut et en arrière ; leur menton est généralement garni d'une longue barbe ; leur lait est excellent. Nous avons aussi l'ægagre ou chèvre sauvage, qui paraît être la souche de toutes les variétés de nos chèvres domestiques. Elle habite en troupes les montagnes de la Perse, où elle est connus sous le nom de paseng ; on la trouve aussi dans les Alpes. Le bézoard oriental est une concrétion que l'on trouve dans ses intestins.

» Les boucs et les chèvres domestiques varient beaucoup pour la taille, pour la couleur, la longueur et la finesse du poil. Les chèvres d'Angora ont le poil le plus doux et le plus soyeux. Celles du Thibet sont devenues célèbres par la laine d'une admirable finesse qui croît entre leurs poils, et dont on fabrique les cachemires. Il y en a, dans la Haute-Egypte, une race poil ras. Les chèvres de Guinée, dites mambrines et de Juida, sont très-petites et ont les cornes couchées en arrière. Tous ces animaux sont robustes, capricieux, vagabonds, tiennent de leur origine montagnarde, aiment les lieux secs et sauvages, et se nourrissent d'herbes grossières ou de pousses d'arbustes. On ne mange guère que le chevreau, et encore sa chair a-t-elle un goût particulier, qui ne plaît pas à tout le monde.

» Le bouquetin, le bouquetin du Caucase, appartiennent au genre des chèvres.

ADOLPHE.

En voici de toutes sortes d'espèces, avec des cornes de toutes les façons.

M. DE LUÇON.

Ce sont les antilopes, qui ont la substance de leurs naseaux osseuse, solide et sans pores, ni sinus, comme le bois des cerfs; elles ressemblent d'ailleurs, pour la plupart, aux cerfs par les larmiers, par la légèreté de leur taille et par la vitesse de leur course. C'est un genre très-nombreux, qu'on a été obligé de subdiviser, principalement d'après la forme des cornes.

» Celui-ci a deux cornes lisses : c'est le chamois, le seul ruminant de l'occident de l'Europe que l'on puisse comparer aux antilopes; il a cependant des caractères particuliers. Ses cornes, droites, ont leurs pointes subitement courbées en arrière, comme un hameçon ; derrière chaque oreille, sous la peau, est un sac qui s'ouvre en dehors par un petit trou. C'est peut-être ce trou qui avait fait dire aux anciens que les chèvres respiraient par les oreilles. La taille du chamois est celle d'une grande chèvre. Il a le pelage brun foncé, avec une bande noire descendant de l'œil vers le museau.

» Il court avec la plus grande agilité parmi les rochers escarpés, et se tient, en petites troupes, dans la région moyenne des plus hautes montagnes.

• Celui-ci est le gnou ou niou, animal fort extraordinaire, qui semble, au premier coup d'œil, un monstre composé de parties de différents animaux : il a le corps et la croupe d'un petit cheval, couverts de poils bruns ; la queue garnie de longs poils blancs, comme celle du cheval, et sur le cou une belle crinière redressée, blanche à sa base, noire au bout des poils. Ses cornes, rapprochées et élargies à leur base comme celles du buffle du Cap, descendent en dehors, et remontent par leur pointe ; son mufle est large, aplati et entouré d'un cercle de poils saillants sous sa gorge, et sous son fanon court une seconde crinière noire ; ses pieds ont toute la légèreté de ceux du cerf ; les deux sexes ont des cornes.

» Cet animal vit dans les montagnes du nord du Cap, où il paraît assez rare, et cependant les anciens paraissent en avoir eu connaissance. Nous allons passer rapidement sur toutes ces bêtes cornues, que je vais nommer en tournant les feuillets de ce livre de gravures.

» En voilà une à quatre cornes ; elle appartient à

2..

une division nouvellement découverte dans les Indes : c'est le tchica, de la taille du chevreuil, et d'un fauve uniforme. La femelle n'a point de cornes. On le trouve dans les forêts de l'Indoustan.

» Ensuite vous en trouverez d'autres avec des cornes fourchues et creuses : c'est l'antilope furcifère ;

» D'autres à cornes à arête spirale : ce sont le canna, puis le coudous, de la taille du cerf.

» Celles-ci ont les cornes annelées à courbure simple : c'est l'antilope bleue, puis l'antilope chevaline, gris roussâtre, tête brune, une tache blanche au-devant de chaque œil. Encore ici, l'antilope laineuse du Cap, avec de petites cornes ; puis l'antilope plongeante, le sauteur des rochers, la grimme, le guevei, et plusieurs autres enfin ayant les cornes plus ou moins longues ou recourbées.

» Enfin voici la gazelle ; elle a les cornes rondes, grosses, noires ; la taille et la forme élégante du chevreuil, le pelage fauve, clair dessus, blanc dessous, une bande brune le long de chaque flanc, un bouquet de poils à chaque genoux, une poche profonde à chaque aine. Elle vit dans le nord de l'Afrique en troupes innombrables, qui se mettent en rond quand on les attaque, et présentent des cornes de toutes parts. C'est la pâture ordinaire du lion et de la panthère. La douceur de son regard fournit des images nombreuses à la poésie galante des Arabes ; on dit même, en France, d'une belle femme qui a de beaux yeux, qu'elle a des yeux de gazelle.

» La corine, le kevel, le dserec des Mogoles, le springbock, le scriga, le nanguer, sont placés dans cette division.

» Nous avons à peu près fini avec les antilopes ; passons à une autre espèce.

ZOÉ.

Ce sont toujours des ruminants?

M. DE LUÇON.

Certainement. Nous allons commencer par la girafe. Elle a pour caractère, dans les deux sexes, des cornes coniques, toujours recouvertes par une peau velue, et dont les poils ne tombent jamais. Leur naseau, osseux, est articulé, dans la jeunesse, par une suture sur le frontal. Cet animal est d'ailleurs un des plus remarquables qui existent par la longueur de son cou et par la hauteur disproportionnée de ses jambes de devant : vous l'avez vu au Jardin-des-Plantes.

» On n'en connaît qu'une espèce, confinée dans les déserts de l'Afrique, à pelage ras, gris, tout parsemé de taches anguleuses fauves, avec une petite crinière grêle et fauve. C'est le plus élevé de tous les animaux, car sa tête se trouve à dix-huit pieds du sol. Il est d'un naturel doux et se nourrit de feuilles d'arbres. Les Romains ont eu des girafes à leurs jeux ; les relations récentes avec l'Egypte en ont procuré, depuis peu, à divers souverains de l'Europe.

ADOLPHE.

A la bonne heure ! j'aperçois le roi des forêts. Quelles jambes fines !

M. DE LUÇON.

Oui, ce sont les cerfs ; ce sont encore des ruminants ; leur tête est ornée de bois, mais, si on excepte l'espèce du renne, les femelles en sont toujours dépourvues. La substance de ce bois, quand il a acquis tout son développement, est un os très-dense, sans pores ni sinus ; sa figure varie beaucoup, selon les espèces, et même, dans chaque espèce, selon l'âge. Les cerfs sont des animaux très-rapides à la course, vivant généralement, dans les forêts, d'herbes, de feuilles, de bourgeons d'arbres, etc.

» Voici l'élan : c'est un animal recherché, grand comme un cheval, et quelquefois davantage ; à jambes élevées, à museau cartilagineux et renflé. Il a une espèce de goître ou de pendeloque, diversement configurée, sous la gorge. Le bois du mâle, d'abord en dague, ensuite divisé en lanières, prend, à l'âge de cinq ans, la forme d'une lame triangulaire dentelée au bord externe, et portée sur un pédicule. Il croît avec l'âge, jusqu'à peser cinquante à soixante livres.

» L'élan habite, en petites troupes, les forêts marécageuses du nord des deux continents ; sa peau est précieuse pour les ouvrages de chamoiserie.

ZOÉ.

Ceux-ci ne sont-ils pas ces petits animaux dont les Lapons se servent comme d'un cheval ?

M. DE LUÇON.

Effectivement, c'est le renne ; il n'est pas si petit que tu veux bien le dire, mais, au contraire, grand comme un cerf ; il n'habite que les contrées glaciales des deux continents. Cet animal est célèbre par le service qu'en tirent les Lapons, qui en ont de nombreux troupeaux ; ils les conduisent l'été dans les montagnes de leur pays, les ramènent l'hiver dans les plaines, en font leurs bêtes de somme et de trait, mangent leur chair, leur lait, et se vêtent de leur peau.

» Nous avons aussi le daim, le cerf commun, le cerf du Canada, celui de la Louisiane ou de la Virginie, le cerf tacheté, le chevreuil d'Europe, des Indes, de Tartarie : tous appartiennent au même genre.

» On a placé aussi les chevrotains dans cet ordre, parce qu'ils ne diffèrent des ruminants ordinaires que par l'absence de cornes, par une longue canine de chaque côté de la mâchoire supérieure, qui sort de la bouche dans les mâles. Ce sont des animaux charmants par leur élégance et leur légèreté. De ce nombre est le musc.

ZOÉ.

Qu'est-ce que cette poche qu'il a sous le ventre?

M. DE LUÇON.

Tu vas le savoir. Le musc est l'espèce la plus célèbre ; il est grand comme un chevreuil, presque sans queue. Il est tout couvert de poils, si gros et si cassants qu'on pourrait presque leur donner le nom d'épines. Ce qui fait surtout remarquer ce petit animal, c'est cette poche placée sous le ventre du mâle, et qui se remplit d'une substance odorante si connue en médecine et en parfumerie sous le nom de musc.

» Cette espèce est propre à la région âpre et pleine de rochers d'où descendent la plupart des fleuves de l'Asie, et qui s'étend entre la Sibérie, la Chine et le Thibet ; sa vie est nocturne et solitaire, et sa timidité extrême.

ADOLPHE.

Ah, ah ! j'aperçois ces vilains chameaux, avec leur bosse sur le dos et leurs jambes mal bâties. Je n'aime pas ces bêtes-là.

M. DE LUÇON.

Ils ont leurs qualités. Ces bosses sont des loupes chargées de graisses. Ils ont les deux doigts du pied réunis en-dessous, près de la pointe, par une semelle commune. Ce sont des animaux de l'ancien monde; on en connaît deux espèces.

ZOÉ.

N'est-ce pas dans les déserts seulement qu'ils sont utiles?

M. DE LUÇON.

Oui, mon enfant: leur extrême sobriété, et la faculté qu'ils ont de passer plusieurs jours sans boire, les rendent très-précieux, et les ont fait appeler les navires du désert.

ADOLPHE.

Quelle différence y a-t-il donc entre le dromadaire et le chameau ?

M. DE LUÇON.

Lorsque le chameau n'a qu'une bosse, on le nomme dromadaire : c'est un animal non moins utile, qui s'est répandu de l'Arabie dans tout le nord de l'Afrique, dans la Syrie et la Perse. Le dromadaire marche mieux que le chameau, est plus grand que lui, mais passe pour être moins sobre.

» Il y a aussi un autre chameau à deux bosses, originaire du centre de l'Asie.

» Restons-en là, mes chers enfants, en voilà assez pour aujourd'hui, et remettons à demain la définition du deuxième ordre, dit des pachydermes.»

DEUXIÈME LEÇON.

ZOÉ.

Mon cher papa, que veut donc dire le nom barbare
que tu as donné hier aux animaux que nous allons
voir aujourd'hui : les pachy… pacha…? je ne me souviens pas.

— *Les Mammifères.*

ADOLPHE.

Les pachydermes... Je me souviens du mot, mais je ne sais pas ce que cela veut dire.

M. DE LUÇON.

Ce sont les animaux qui ne peuvent se servir de leurs pieds que pour se soutenir, et dont les doigts sont immobiles dans des sabots épais. Ces animaux ne ruminent pas.

ADOLPHE.

Voilà qui est curieux : des doigts immobiles !

M. DE LUÇON.

Mais, mon ami, tu les rencontres tous les jours. On les appelle solipèdes parce qu'ils n'ont qu'un doigt apparent et un seul sabot à chaque pied, quoiqu'ils portent sous la peau de chaque pied, ou plutôt de chaque côté de leur métacarpe et de leur métatarse, deux stylets qui représentent deux doigts.

ZOÉ.

Je ne comprends pas quel peut être cet animal que nous rencontrons tous les jours...

M. DE LUÇON.

Comment! vous ne devinez pas! C'est le cheval,

3.

c'est même le seul de ce genre ; oui, le cheval, ce noble animal qui accompagne son maître à la chasse, à la guerre, dans les travaux de l'agriculture, des arts et du commerce : c'est le plus important, et le mieux soigné des animaux que nous avons soumis. Il paraît qu'il n'existe plus à l'état sauvage que dans les lieux où on a laissé en liberté des chevaux auparavant domestiques, comme en Tartarie et en Amérique ; ils y vivent en troupes, conduits et défendus par un vieux mâle.

» Tout le monde sait à quel point cet animal varie par la couleur et par la taille ; les principales races ont même des différences sensibles dans la forme de la tête, dans les proportions, et se caractérisent chacune de préférence par les divers emplois.

» Les plus sveltes, les plus rapides, sont les chevaux arabes, qui ont aidé à perfectionner la race espagnole, et contribué, avec celle-ci, à former la race anglaise ; les plus gros et les plus forts viennent des côtes de la mer du Nord ; les plus petits, du nord de la Suède et de la Corse. Les chevaux sauvages ont la tête grosse, le poil crépu et des proportions peu agréables.

» Je n'en dirai pas davantage sur un animal si connu, si utile à l'homme.

ZOÉ.

Voilà, à la suite, dans tes gravures, ce pauvre animal que nous connaissons bien aussi, et que notre bon La Fontaine appelle maître aliboron.

M. DE LUÇON.

C'est l'âne. Il n'est pas beau, mais il a d'autres qualités dont l'homme use et abuse souvent. Il y en a plusieurs espèces : d'abord l'âne originaire des grands déserts de l'intérieur de l'Asie ; il s'y trouve encore à l'état sauvage, en troupes innombrables. Chacun connaît sa patience, sa sobriété, son tempérament robuste et les services qu'il rend aux pauvres cultivateurs de la campagne. On place dans cette race et dans cet ordre, avec le cheval, le zèbre, le canagga, le dauw, qui sont tous de la famille des solipèdes.

ZOÉ.

Quels sont ceux-ci, qui me paraissent si mal peignés ?

M. DE LUÇON.

Ce sont encore des pachydermes. Celui-ci est le tapir d'Amérique ; il reste à l'état sauvage ; il est de la taille d'un petit âne, et a la peau brune, presque nue ; la queue médiocre, le cou charnu, formant comme une crête sur la nuque. Il est commun dans les lieux humides et le long des rivières des contrées chaudes de l'Amérique méridionale. On y mange sa chair.

» Ses petits sont tachetés de blanc comme les faons des cerfs. Depuis quelques années, il a été découvert, dans l'ancien continent, une seconde espèce de tapir, qui ne diffère guère de la première : c'est le tapir de l'Inde. Il est seulement plus grand que celui d'Amérique, brun noir, à

dos gris-blanc; il habite les forêts de la presqu'île
de Malaya.

ADOLPHE.

Je reconnais celui-ci : c'est le rhinocéros; il est
énorme, et son aspect a quelque chose de terrible.

M. DE LUÇON.

Oui, ce sont les rhinocéros. Ces animaux sont,
en effet, très-grands, et ont chaque pied divisé en
trois doigts. Ils portent sur le nez, dont les os sont
très-épais et réunis en une sorte de voûte, une corne
adhérente à la peau, d'une substance fibreuse et
cornée, comme si elle était composée de poils
agglutinés. Leur naturel est stupide et féroce; ils
aiment les lieux humides, vivent d'herbes et de

branches d'arbres, ont l'estomac simple, les intestins fort longs.

» Il y a aussi le rhinocéros de l'Inde, qui, outre ses vingt-huit mâchelières, a deux fortes dents incisives à chaque mâchoire, deux autres petites entre les inférieures, et deux plus petites encore en dehors des supérieures ; il n'a qu'une corne, et sa peau est remarquable par des plis profonds qu'elle forme en arrière et en travers des épaules, en avant et en travers des cuisses. Il habite les Indes orientales, surtout au-delà du Gange.

» On connaît encore le rhinocéros de Java, de Sumatra et d'Afrique. Tous ces animaux ont la peau si dure et si épaisse qu'elle résiste aux armes les plus puissantes de l'homme, et même aux balles de nos fusils.

3..

ZOÉ.

Voici, sans doute, quant à la grosseur, le roi des animaux. N'est-ce pas l'éléphant? Quelle masse énorme !

M. DE LUÇON.

Il n'est pas beau non plus : c'est l'éléphant. Cette race comprend les plus grands mammifères terrestres. Le service étonnant qu'il tire de sa trompe, instrument agile et vigoureux, organe du tact et de l'odorat, contraste avec son aspect grossier et ses lourdes proportions; il joint à une physionomie assez imposante des instincts particuliers, qui ont contribué à faire exagérer son intelligence. Cependant on a trouvé qu'elle était inférieure à celle du chien, et même de plusieurs autres carnassiers. D'un naturel d'ailleurs assez doux, les éléphants vivent en troupes, sous la conduite du plus vieux mâle. Ils ne se nourrissent que de végétaux.

» L'éléphant des Indes a la tête oblongue, le front concave ; la couronne des mâchelières présente des rubans transverses, ondoyants, qui sont les coupes des lames qui les composent, usées par la trituration. Cette espèce a les oreilles petites, et porte quatre ongles aux pieds de derrière ; elle habite depuis l'Indus jusqu'à la mer Orientale, et dans les grandes îles au midi de l'Inde. On prend, de temps immémorial, des individus pour les dresser et les faire servir de bêtes de trait et de somme ; mais on n'a pu encore les propager en domesticité.

» L'éléphant d'Afrique a la tête ronde, les oreilles

grandes : c'est l'espèce qui habite depuis le Sénégal jusqu'au Cap. On ne dompte plus aujourd'hui l'éléphant d'Afrique ; mais il paraît que les Carthaginois en faisaient le même usage que les Indiens, lorsqu'ils s'en servaient pour faire de longs voyages, montés sur leur dos, et pour aller combattre leurs ennemis.

» Cet animal fournit ce bel ivoire, si poli, qui vient des défenses qu'il porte des deux côtés de ses mâchoires. Quant à lui, personnellement, il est inutile pour nous. Ceux qu'on a retenus en captivité sont montrés comme un objet de curiosité. Il paraît très-attaché à l'homme qui prend soin de lui, et qu'on appelle cornac.

» Les éléphants font, au pas ordinaire, à peu près autant de chemin qu'un cheval en fait au petit trot, et autant qu'un cheval au galop lorsqu'ils courent ; ce qui, dans l'état de liberté, ne leur arrive guère que quand ils sont animés de colère ou poussés par la crainte. On mène ordinairement au pas les éléphants domestiques ; ils font aisément et sans fatigue quinze ou vingt lieues par jour, et quand on veut les presser, ils peuvent en faire trente-cinq ou quarante. On les entend marcher de très-loin, et l'on peut aussi les suivre de très-près à la piste, car leurs traces ne sont pas équivoques, et dans les terrains où le pied marque, elles ont quinze ou dix-huit pouces de diamètre.

» Un éléphant domestique rend peut-être à son maître plus de services que cinq ou six chevaux ; mais il lui faut du soin, et une nourriture abondante et choisie. On lui donne ordinairement du riz cru ou cuit, mêlé avec de l'eau, et on prétend qu'il faut cent livres de riz par jour pour qu'il s'entretienne dans sa pleine vigueur ; on lui donne aussi de l'herbe pour le rafraîchir, car il est sujet à s'échauffer, et il faut le mener à l'eau et le laisser baigner deux ou trois fois par jour. Il apprend aisément à se laver lui-même : il prend de l'eau dans sa trompe, il la porte à sa bouche pour boire, et ensuite, en retournant sa trompe, il en laisse couler le reste à flots sur toutes les parties de son corps.

» Pour donner une idée des services qu'il peut rendre, il suffira de dire que tous les tonneaux, sacs, paquets qui se transportent d'un lieu à un autre dans les Indes, sont voiturés par des éléphants ; qu'ils peuvent porter des fardeaux sur leur corps, sur leur cou, sur leurs défenses, et même avec leur gueule, en leur présentant le bout d'une corde qu'ils serrent avec leurs dents. Joignant l'intelligence à la force, ils ne cassent ni n'endommagent rien de ce qu'on leur confie; ils font tourner et passer ces paquets du bord des eaux dans un bateau sans les laisser mouiller, les posent doucement, et les arrangent où l'on veut les placer; et quand ils les ont déposés dans l'endroit qu'on leur montre, ils essaient avec leur trompe s'ils sont bien situés, et quand c'est un tonneau qui roule, ils vont d'eux-mêmes chercher des pierres pour le caler et l'établir solidement.

« Comme l'éléphant nage très-bien, et qu'il enfonce moins dans l'eau qu'aucun autre animal, on s'en sert très-utilement pour le passage des rivières. Outre deux pièces de canon de trois ou quatre livres de balle, dont on le charge dans ces occasions, on lui met encore sur le corps une infinité d'équipages, indépendamment de quantité de personnes qui s'attachent à ses oreilles et à sa queue pour passer l'eau.

Lorsqu'il est ainsi chargé, il nage entre deux eaux, et on ne lui voit que la trompe, qu'il tient élevée pour respirer.

» On se sert aussi de l'éléphant pour le transport de l'artillerie sur les montagnes, et c'est là que son intelligence se fait le mieux sentir. Pendant que les bœufs attelés à la pièce de canon font effort pour la traîner en haut, l'éléphant pousse la culasse avec son front, et, à chaque effort qu'il fait, il tient l'affût avec son genou, qu'il place à la roue : il semble qu'il comprenne ce qu'on lui dit. Son conducteur veut-il lui faire faire quelque corvée pénible, il lui explique de quoi il est question, et lui détaille les raisons qui doivent l'engager à lui obéir. Si l'éléphant marque de la répugnance à ce qu'on exige de lui, le cornac promet de lui donner de l'arac ou quelque chose qu'il aime, alors l'animal se prête à tout; mais il est dangereux de lui manquer de parole; plus d'un cornac en a été la victime. Il s'est passé à ce sujet, dans le Dékan, un trait qui mérite d'être rapporté, et qui, tout incroyable qu'il paraît, est cependant exactement vrai. Un éléphant venait de se venger de son cornac en le tuant; sa femme, témoin de ce spectacle, prit ses deux enfants, et les jeta aux pieds de l'animal encore tout furieux, en lui disant : « Puisque tu as tué mon mari, ôte-moi aussi la vie, ainsi qu'à mes enfants. » L'éléphant s'arrêta tout court, s'adoucit, et, comme s'il eût été touché de regret, prit avec sa trompe le plus grand de ces deux enfants, le mit sur son cou, l'adopta pour son cornac, et n'en voulut point souffrir d'autre.

» Mais si l'éléphant est vindicatif, il n'est pas moins reconnaissant pour le bien qu'on lui a fait. Un soldat de Pondichéry, qui avait coutume de porter à un de ces animaux une certaine mesure d'arac chaque fois qu'il touchait la paye, ayant un jour bu plus que de raison, et se voyant poursuivi par la garde, qui le voulait conduire en prison, se réfugia sous l'éléphant et s'y endormit. Ce fut en vain que la garde tenta de l'arracher de cet asile; l'éléphant le défendit avec sa trompe. Le lendemain, le soldat, revenu de son ivresse, frémit, à son réveil, de se trouver sous un animal d'une grosseur si énorme; l'éléphant, qui, sans doute, s'aperçut de son effroi, le caressa avec sa trompe pour le rassurer, et lui fit entendre qu'il pouvait s'en aller.

» L'éléphant tombe quelquefois dans une espèce de folie qui lui ôte la docilité, et le rend même si redoutable qu'on est alors obligé de le tuer; mais tant qu'il est dans son état naturel, les douleurs les plus aiguës ne peuvent l'engager à faire du mal à qui ne lui en a pas fait. Un éléphant, furieux des blessures qu'il avait reçues à la bataille d'Hambourg, courait à travers champs et poussait des cris affreux. Un soldat qui, malgré les avertissements de ses camarades, n'avait pu fuir, peut-être parce qu'il était blessé, se trouva à sa rencontre ; l'éléphant craignit de le fouler aux pieds, le prit avec sa trompe, le posa doucement de côté et continua sa route.»

« C'est à M. de Bussy qu'on est redevable de ces détails sur l'éléphant, et son témoignage mérite d'autant plus de confiance que le long séjour qu'il a fait dans l'Inde l'a mis à portée de voir et d'observer ces animaux, dont il avait même plusieurs à son service. MM. de l'Académie des sciences ont aussi laissé quelques faits qu'ils ont appris de ceux qui gouvernaient l'éléphant à la ménagerie de Versailles.

« L'éléphant, disent-ils, semblait connaître quand on se moquait de lui, et s'en souvenir pour s'en venger quand il trouvait l'occasion. A un homme qui l'avait trompé, faisant semblant de lui jeter quelque chose dans la gueule, il lui donna un coup de sa trompe qui le renvera et lui rompit deux côtes; ensuite il le foula aux pieds et lui rompit une jambe, et s'étant agenouillé, lui voulut enfoncer ses dents dans le ventre, lesquelles n'entrèrent que dans la terre, aux deux côtés de la cuisse, qui ne fut point blessée. Il écrasa un autre homme, le froissant contre une muraille pour le même sujet. Un peintre le voulait dessiner dans une attitude extraordinaire, qui était de tenir sa trompe levée et la gueule ouverte; le valet du peintre, pour le faire demeurer en cet état lui jetait des fruits dans là gueule, et le plus souvent faisait semblant d'en jeter ; il en fut indigné, et comme s'il eût connu que l'envie que le peintre avait de le dessiner était la cause de cette importunité, au lieu de s'en prendre au valet, il s'adressa au maître et lui jeta par sa trompe une quantité d'eau, dont il gâta le papier sur lequel le peintre dessinait.

» Il se servait ordinairement bien moins de sa force que de son adresse, laquelle était telle qu'il s'ôtait, avec beaucoup de facilité, une grosse double courroie dont il avait la jambe attachée, la défaisant de la boucle et de l'ardillon ; et comme on avait entortillé cette boucle d'une petite corde renouée à beaucoup de nœuds, il dénouait tout sans rien rompre. Une nuit, après s'être ainsi dépêtré de sa courroie, il rompit la porte de sa loge si adroitement que son gouverneur n'en fut point éveillé, de là passa dans plusieurs cours de la ménagerie, brisant les portes fermées et abattant la maçonnerie quand elles étaient trop petites pour le laisser passer, et il alla ainsi dans la loge des autres animaux; ce qui les épouvanta tellement qu'ils s'enfuirent tous se cacher dans les lieux les plus reculés du parc. »

» Enfin, pour ne rien omettre de ce qui peut contribuer à faire connaître toutes les facultés naturelles et toutes les qualités acquises d'un animal supérieur aux autres, nous ajouterons encore quelques faits tirés des voyageurs les moins suspects.

« L'éléphant, même sauvage (dit le P. Vincent Marie), ne laisse pas d'avoir des vertus; il est généreux et tempérant, et quand il est domestique, on l'estime par sa douceur, sa fidélité envers son maître,

son amitié pour celui qui le gouverne. S'il est destiné à servir immédiatement les princes, il connaît
sa fortune et conserve une gravité convenable à son
emploi; si, au contraire, on le destine à des travaux
moins honorables, il s'attriste, se trouble, et laisse
voir clairement qu'il s'abaisse malgré lui. A la guerre, dans le premier choc, il est impétueux et fier ;
il est le même quand il est enveloppé par les chasseurs ; mais il perd le courage lorsqu'il est vaincu.
Il combat avec ses défenses, et ne craint rien tant
que de perdre sa trompe, qui, par sa consistance,
est facile à couper. Au reste, il est naturellement
doux; il n'attaque personne, à moins qu'on ne l'of-
fense ; il semble même se plaire en compagnie, et il
aime surtout les enfants; il les caresse et paraît reconnaître en eux leur innocence. »

« L'éléphant, selon François Pyrard, est l'animal

qui a le plus de jugement et de connaissance, de sorte qu'on le dirait avoir quelque usage de raison, outre qu'il est infiniment profitable et de service à l'homme. S'il est question de monter dessus, il est tellement souple, obéissant et dressé pour se ranger à la commodité de l'homme et à la qualité de la personne qui s'en veut servir, que, se pliant bas, il aide lui-même à celui qui veut monter dessus, et le soulage avec sa trompe. Il est si obéissant qu'on lui fait faire tout ce que l'on veut, pourvu qu'on le prenne par douceur. Il fait tout ce qu'on lui dit ; il caresse ceux qu'on lui montre, etc. »

« En donnant aux éléphants, disent les voyageurs hollandais, tout ce qui peut leur plaire, on les rend aussi privés et aussi soumis que le sont les hommes. On pourrait dire qu'il ne leur manque que la parole. Ils sont orgueilleux et ambitieux ;

mais se souviennent du bien qu'on leur a fait, et ont de la reconnaissance, jusque-là qu'ils ne manquent point de baisser la tête pour marque de respect en passant devant les maisons où ils ont été bien traités. Ils se laissent conduire et commander par un enfant ; mais ils veulent être loués et chéris. On ne saurait se moquer d'eux ni les injurier qu'ils ne l'entendent, et ceux qui le font doivent bien prendre garde à eux, car ils seront bienheureux s'ils ne sont pas arrosés de l'eau des trompes de ces animaux, ou jetés par terre, le visage contre la poussière. »

» Je peuis terminer ici ce qui regarde les pachy-dermes : ce que j'en ai dit suffira pour faire distinguer cet ordre des autres races.

Les Mammifères. 4

ADOLPHE.

Mon cher papa, hier tu nous parlais des pachydermes ; je trouve dans ce livre des animaux qui
paraissent endormis sur les arbres, et semblent
aplatis sur les branches.

M. DE LUÇON.

Ce sont les édentés, troisième ordre des mammifères. On comprend sous ce nom quelques genres
d'animaux dont le caractère commun est de manquer de dents sur le devant des mâchoires ; il en
est même qui n'en ont aucune. Tous ont des
ongles très-forts. Comme tous ces animaux sont
étrangers à nos climats, nous ne ferons que jeter sur eux un coup d'œil rapide. Cet ordre se
compose de deux familles. La première, celle des

tardigrades, ne contient qu'un seul genre ; ceux que tu vois sur ces arbres sont des paresseux. Ce sont, en effet, des animaux dont les mouvements sont lents, et qui, à cause de la longueur de leurs membres antérieurs, ne peuvent marcher qu'en se traînant sur le coude ; aussi vivent-ils sur les arbres, dont ils mangent les feuilles.

» La seconde famille, celle des édentés ordinaires, à museau pointu, et sans canines, comprend les tatous, les oryctéropes, les fourmilliers, les pangolins.

» En voilà assez sur l'ordre des édentés, qui n'offrent qu'un médiocre intérêt.

ZOÉ.

Voici cependant plusieurs feuilles toutes remplies de gravures de cette espèce.

M. DE LUÇON.

Dans un grand ouvrage comme celui de M. de Buffon, il a fallu s'étendre sur chaque ordre, chaque espèce ; dans mes leçons abrégées, au contraire, je ne veux que vous mettre en état de distinguer une race d'une autre. Cependant je vais vous parler avec quelques détails des rongeurs, le quatrième ordre, qu'il ne faut pas confondre avec une autre espèce.

ZOÉ.

Les voici, les rongeurs. Ciel ! comme ils sont nombreux ! des lièvres, des castors, des rats. Ah ! cela ne m'étonne pas : les rats sont bien nommés, rongeurs.

M. DE LUÇON.

Tu vas savoir pourquoi. Le quatrième ordre comprend tous les rongeurs : ce sont des animaux pourvus de quatre ou cinq doigts onguiculés à tous les pieds, presque toujours de petite taille, et à membres postérieurs plus longs que les antérieurs ; en sorte qu'ils sautent plutôt qu'ils ne marchent. Ils ont, à l'extrémité de chaque mâchoire, deux dents incisives très-fortes et très-longues, séparées des dents postérieures par un intervalle assez étendu. Il n'y a pas de canines ; les incisives n'ont d'émail épais qu'en avant, de sorte que, leur bord posté-rieur s'usant plus par-derrière, elles sont toujours naturellement taillées en biseau bien tranchant ; elles leur servent à limer, à réduire en molécules déliées, en un mot, à ronger les substances dont ils se nourrissent. Elles croissent continuellement à mesure qu'elles s'usent du tranchant, et si l'une d'elles tombe ou se casse, celle qui lui est opposée, n'ayant plus rien qui la frappe et l'use, se développe alors au point de devenir monstrueuse.

ADOLPHE.

Cette particularité est fort curieuse ; sans cette explication, on ne comprendrait pas pourquoi cette dent isolée devient si énorme.

M. DE LUÇON.

C'est qu'on aurait ignoré que la dent s'use par le frottement, et surtout du côté où l'émail manque.

» Voici maintenant les lièvres. Ces animaux si

connus ont un caractère très-distinctif, en ce que leurs incisives supérieures sont doubles, c'est-à-dire que chacune d'elles a une autre incisive plus petite. L'intérieur de leur bouche et le dessous de leurs pieds sont garnis de poils, comme le reste de leur corps. Les espèces en sont nombreuses et très-semblables entre elles.

» Disons un mot du lièvre commun. Tout le monde connaît cet animal, dont la chair, noire, est agréable et le poil utile ; il vit isolé et ne fait pas de terrier, couche à plate terre, et se fait chasser en arpentant la plaine par de grands circuits. Il n'a pu encore être réduit en domesticité.

» Il y a encore le lièvre variable, qui se trouve sur les hautes montagnes du midi de l'Europe ; puis le lapin, dont la chair est blanche et agréable. En domesticité, le lapin multiplie infiniment et prend des couleurs et des poils très-variés. Le lapin de Sibérie, le lapin d'Amérique, le lièvre d'Afrique, sont tous du même ordre.

ZOÉ.

Qu'est-ce que je vois là, au milieu des rongeurs. Le petit porte-pique ; sans doute celui qui disait au renard de la fable, tourmenté par les mouches, qu'il voulait de ses dards les percer par centaines.

M. DE LUÇON.

Tu fais là deux erreurs : d'abord, on ne dit pas porte-pique, mais bien porc-épic ; ensuite je crois que La Fontaine a voulu désigner le hérisson, ce qui n'est pas la même chose. Les porcs-épics dont il est question ici se font connaître au premier coup d'œil par les piquants roides et pointus dont ils sont armés, comme les hérissons, qui sont des carnassiers. Ces animaux, les porcs-épics, vivent dans des terriers, et ont, seulement quant à plusieurs de leurs habitudes, beaucoup de rapport avec les lapins. Leur voix grognante, jointe à leur museau gros et tronqué, est ce qui les a fait comparer au porc, et leur a valu le nom qu'ils portent.

» Il y a aussi le porc-épic d'Italie, dont les piquants sont très-longs, annelés de noir et de blanc; une crête de longues soies occupe la nuque et la tête. Sa queue est courte et garnie de tuyaux tronqués et vides, suspendus à des pédicules minces, qui résonnent en se choquant quand l'animal les secoue.

4..

ADOLPHE.

Papa , j'aperçois les castors : il me tarde de savoir si ce qu'on dit d'eux est exact.

M. DE LUÇON.

Pas tout-à-fait. Ecoutez-moi, vous allez le savoir. Les castors, que l'on distingue de tous les autres rongeurs par la queue aplatie horizontalement, de forme presque ovale et couverte d'écailles, ont cinq doigts à tous les pieds. Ceux de derrière sont réunis par des membranes, et il y a un ongle double et oblique à celui qui suit le pouce.

» Les castors sont d'assez grands animaux dont la vie est tout aquatique ; leurs pieds et leur queue les aident également bien à nager. Comme ils vivent principalement d'écorces et d'autres matières dures, leurs incisives sont très-vigoureuses, et repoussent fortement de la racine à mesure qu'elles s'usent en avant ; aussi s'en servent-ils pour couper toutes sortes de branches d'arbres. De grosses poches glanduleuses, qui aboutissent à la partie inférieure de l'abdomen, produisent une pommade d'une odeur forte, employée en médecine sous le nom de *castoréum*. Les deux sexes sont à peu près conformés de la même manière.

» Il y a aussi le castor du Canada, d'un brun roussâtre uniforme, haut d'un pied, mais d'une longueur assez variable, et généralement de deux pieds, sans compter la queue, qui a un pied. C'est de tous les mammifères celui qui met le plus d'industrie à construire sa demeure, à laquelle il travaille en société dans les lieux les plus solitaires du nord de l'Amérique.

» Lorsque les castors veulent fonder un établissement, ils choisissent des eaux assez profondes, afin qu'elles ne gèlent pas jusqu'au fond, et, autant qu'ils le peuvent, des eaux courantes. Ils soutiennent l'eau à une égale hauteur par une digue ou une chaussée qui va d'un bord à l'autre, et qu'ils fabriquent de toutes sortes de branches, mêlées de pierres et de limon. Quand ce travail est terminé, ils élèvent dans l'eau, sur une espèce de pilotis, et ordinairement près du rivage, des huttes construites de la même manière, quoiqu'avec moins de solidité, et qui servent chacune à une famille particulière, composée d'un nombre variable d'individus, mais ordinairement d'un mâle et d'une femelle adultes, et de plusieurs petits. Dans le cas où ils sont réduits à s'établir sur une eau dormante, ils se dispensent de faire cette digue, et travaillent de suite à leurs huttes. Elles ont deux étages : l'étage supérieur, à sec, où ils se tiennent ; l'inférieur, sous l'eau, pour les provisions d'écorce. Il n'y a que cet étage qui ait issue au-dehors, au moyen d'une porte qui donne sous l'eau, sans communication avec la terre. Ils coupent le bois avec leurs incisives, fouillent la terre avec leurs pattes de devant, transportent avec ces pattes et avec leurs mâchoires leurs matériaux, terres et bois, et ce sont encore les mêmes outils qu'ils emploient à la préparation et à l'arrangement de ces matériaux. Il ne paraît pas que leur queue leur serve de truelle, comme on l'avait dit. Lorsqu'ils bâtissent sur une eau courante, ils vont couper du bois au-dessus du lieu qu'ils ont choisi, et le mettent à flot, de manière à le faire aborder au point convenable. C'est même une des raisons que l'on donne de la préférence qu'ils ont pour l'eau courante. Tous ces travaux s'exécutent la nuit, et avec une rapidité surprenante. Ils ont, en outre, des terriers le long du rivage, où ils se réfugient quand on attaque leurs huttes, et qu'ils habitent exclusivement l'été, pendant lequel ils s'éparpillent et vivent solitaires. Les femelles mettent bas, à la fin de l'hiver, deux ou trois petits, qu'elles ont portés quatre mois. Au bout de deux ans, ils ont pris leur accroissement, et la durée de leur vie ne va guère au-delà de quinze ans. Ceux que l'on trouve en Europe, le long des rivières, et qui sont connus sous le nom de bièvres, vivent toujours de la même manière. C'est probablement le voisinage de l'homme qui l'empêche de bâtir. On apprivoise aisément le castor, et on l'accoutume à vivre de matières animales; sa chair se mange, quoiqu'elle ne soit pas délicate, mais on le chasse surtout pour sa fourrure. Celle du castor social est la seule recherchée.

ADOLPHE.

Mais, mon cher papa, je les trouve très-intelli-gents, et pas du tout au-dessous de leur réputation.

M. DE LUÇON.

C'est que tu n'as pas lu, dans certains livres remplis d'exagération, toutes les merveilles qu'on leur attribue; à entendre quelques écrivains, c'étaient des artistes et des architectes de premier ordre. Tout cela se borne à une intelligence et à une activité assez surprenantes pour qu'il soit inutile d'y ajouter des perfections imaginaires. Voici maintenant les petits rongeurs bien connus; ils ont des molaires qui croissent continuellement : ce sont les rongeurs herbivores. D'abord, les campagnols: ils ont, comme les rats, trois mâchelières, mais sans racines, et formées chacune de prismes triangulaires placés alternativement sur deux lignes. On en connaît un assez grand nombre d'espèces appartenant aux deux continents ; nous en citerons trois :

» Le rat d'eau, par exemple, un peu plus grand qu'un rat commun, d'un gris brun foncé, la queue de la longueur du corps ; il habite le bord des eaux, et creuse les terrains marécageux pour y chercher des racines ; mais, tout rat d'eau qu'il est, il nage et plonge mal.

» Ensuite le schermans ou rat fouisseur des Alsaciens ne semble différer du rat d'eau que par sa taille un peu moindre, et par sa queue proportionnellement moins longue. Il vit sous terre comme la taupe, mais surtout dans les prés élevés ; il fait des galeries, et transporte la terre qu'il sort de son trou à quelque distance de l'ouverture. Ses magasins sont remplis surtout de racines, de carottes sauvages coupées en morceaux. Il y a aussi le campagnol ou petit rat des champs, qu'on appelle mulot.

ZOÉ.

Voici les vilains rats avec leur grande queue ; j'en ai bien peur.

M. DE LUÇON.

C'est un enfantillage dont il faut te guérir, car le rat se sauve toujours à l'approche de l'homme, qu'il ne craint pas moins que tu ne puisses le craindre toi-même. Ils sont faciles à reconnaître : ils ont la tête lourde, le corps alongé, la queue longue, conique, couverte de petites écailles. Ces animaux se nourrissent presque également de substances végétales et de matières animales en état de décomposition plus ou moins avancée. Lorsque la disette se fait sentir, ils s'attaquent entre eux, et les plus forts dévorent les autres. Les uns vivent en société, les autres solitaires. Les souris, le mulot, le surmulot, appartiennent à cet ordre.

ADOLPHE.

En voici encore un bien joli avec sa queue à balai.

M. DE LUÇON.

Ce sont les loirs. Ils rappellent les écureuils ; ils ont le museau court et fin, la tête large, la queue touffue, mais ils sont plus bas sur jambes que l'écureuil; leur œil est grand, mais la prunelle, ronde, a la faculté de se contracter à la lumière, en un point imperceptible; la langue est douce, l'oreille ovale, le pelage épais; de fortes soies garnissent les côtés du museau, le dessus des yeux et le dessous de la mâchoire inférieure; ils vivent sur les arbres, se nourrissent de fruits, quelquefois d'œufs et même de petits oiseaux qu'ils prennent dans les nids. Ils se font dans le creux des arbres ou des rochers un lit de mousse où ils reposent, et où ils passent l'hiver dans un sommeil léthargique. Ils ne pourvoient que de nuit à leurs besoins. Nous citerons parmi ces espèces que je viens de vous décrire le loir, grand comme un rat, qui habite les forêts des parties méridionales de l'Europe. Le lérot, le muscardin et plusieurs autres moins connus sont encore de cette espèce.

ZOÉ.

Voici ceux que j'aime le mieux, les écureuils. Qu'ils sont jolis avec leur belle queue !

M. DE LUÇON.

Faisons connaissance avec eux. Ils ont les incisives inférieures très-comprimées ; leurs molaires sont diversement tuberculeuses ; seulement la plus antérieure des supérieures de chaque côté n'est qu'un petit tubercule qui tombe avec l'âge ; leur queue est longue et garnie de poils touffus, leur tête large ; leurs yeux sont saillants et vifs, leur langue douce. Ce sont des animaux diurnes qui vivent sur les arbres et se nourrissent de fruits ; ils se servent du membre antérieur pour porter à leur gueule.

» L'écureuil commun est connu : il est brun-roux avec des pinceaux de poils aux oreilles. Dans les contrées septentrionales, les parties rousses deviennent d'un gris doux en hiver; son pelage forme alors la fourrure appelée petit-gris; celle du dos se nomme vaix. Ils font leur nid sur les arbres; ce nid est recouvert d'un toit conique. Le soir ils sortent en sautant de branches en branches, et en poussant un sifflement assez aigu. Ils ne s'engourdissent pas pendant l'hiver, et savent prévoir la saison rigoureuse en ramassant des provisions. Ils sont jolis, gracieux; on peut les élever dans les maisons, mais ils ne donnent à ceux qui les soignent aucune marque d'attachement; et les mordent même quelquefois. Le poil de leur queue sert à faire des pinceaux, mais leur peau ne donne pas une bonne fourrure. Il est difficile de l'atteindre à la chasse; un seul chasseur ne peut y parvenir, parce qu'il a soin de tourner autour des branches d'arbres, et de les mettre entre lui et son ennemi.

ADOLPHE.

Venez, Messieurs et Mesdames, voir la marmotte en vie, comme disent les petits Savoyards.

M. DE LUÇON.

C'est bien elle. Les marmottes sont remarquables par leur forme trapue, leur tête large et aplatie, la brièveté de leurs membres. Ce sont des animaux qui vivent en société, se creusent des terriers où ils passent l'hiver en léthargie; ils s'apprivoisent aisément. Nous citerons la marmotte des Alpes, d'un gris foncé avec le bout de la queue noir. Elle habite les montagnes alpines de l'Europe; elle se creuse sous les neiges des terriers en forme d'Y : ce sont des galeries dont les branches ont chacune une ouverture, qui aboutissent toutes deux à un cul-de-sac tapissé de mousse. Elles passent là les trois quarts de leur vie; une d'elles fait le guet, et , au moindre danger, elle avertit les autres par un coup de sifflet.

ZOÉ.

Je la reconnais bien ; c'est bien elle que les petits Savoyards colportent de ville en ville, et font danser aux regards des curieux, auxquels ils demandent la charité.

M. DE LUÇON.

Nous finirons par elles l'ordre des rongeurs, dont il serait trop long de vous donner de plus amples dé-

tails. Demain nous nous occuperons des ordres suivants; nous en avons encore plusieurs à parcourir
ainsi.

TROISIÈME LEÇON.

M. DE LUÇON.

VENEZ, enfants, venez voir des animaux qui ne sont ni ruminants, ni rongeurs, ni pachydermes, ni amphibies, c'est-à-dire allant sur terre, et nageant dans l'eau.

5.

ZOÉ.

Ces vilaines bêtes que je vois là !

M. DE LUÇON.

Oui, mes enfants, les animaux du cinquième ordre : les phoqueset les morses.

ADOLPHE.

Je n'en ai jamais vu ; voilà même la première fois que j'en entends parler.

M. DE LUÇON.

Voici ce qui les distingue : ces animaux ont les pieds si courts et tellement enveloppés dans la peau qu'ils ne peuvent, sur terre, leur servir qu'à ramper ; mais, comme les intervalles des doigts sont remplis par des membranes, ce sont des rames excellentes ; aussi ces animaux passent-ils la plus grande partie de leur vie dans la mer, et ne viennent à terre que pour se reposer au soleil, dormir et allaiter leurs petits.

ADOLPHE.

A quoi sont-ils bons ?

M. DE LUÇON.

Les phoques sont chassés pour leur graisse huileuse, qui est très-abondante, et employée dans les arts ; certaines espèces sont aussi très-recherchées pour leur fourrure douce et fournie. Ce sont les Anglais et les Américains qui sont en possession presque exclusive de cette chasse.

» Le phoque commun est long de trois à cinq pieds, d'un gris jaunâtre plus ou moins nuancé ou tacheté de brun; il blanchit dans la vieillesse. Ils sont très-faciles à apprivoiser, ont une conception vive, et sont très-attachés à ceux qui les soignent. C'est, après le chien, l'animal qui a le plus d'intelligence.

ZOÉ.

Il n'en a pas l'air...

M. DE LUÇON.

Tu sais qu'il ne faut pas se fier aux apparences.

Quant aux morses, ils ressemblent aux phoques par leurs membres et par la forme générale du corps, mais en diffèrent beaucoup par la tête et par les dents; leur mâchoire inférieure manque d'incisives et de canines, et prend en avant une forme comprimée pour se placer entre deux énormes canines ou défenses qui sortent de la mâchoire supérieure et se dirigent vers le bas, ayant quelquefois jusqu'à deux pieds de long.

» La vache marine ou le cheval marin appartient au genre morse. Elle habite toutes les parties de la mer glaciale, surpassant en grosseur les plus fort taureaux, atteignant jusqu'à vingt pieds de longueur, et recouverte d'un poil jaunâtre et ras. Sa nourriture principale consiste en divers coquillages; son odorat est très-fin. Elle vit en troupes nombreuses, et l'on assure que, dans une seule chasse, on en tue quelquefois jusqu'à douze à quinze cents. On la recherche pour son huile et pour ses défenses, qui se travaillent comme l'ivoire de l'élé- phant.

ZOÉ.

J'aperçois les animaux féroces : les tigres, les les lions, les panthères. Comment se fait-il qu'il y ait au milieu d'eux des chats, qui sont si gentils et si doux?

M. DE LUÇON.

Le chat n'est pas du tout si doux ni si gentil que tu veux bien le dire : la domesticité adoucit ses mœurs, mais tu vas voir qu'a l'état de nature,

il est très-bien placé dans l'ordre des carnivores,
dont nous allons nous occuper.

ADOLPHE.

Oh, oh! les carnassiers! cela devient intéres-
sant.

M. DE LUÇON.

Et surtout considérable ; mais je vous en donne-
rai seulement une idée générale, qui suffira pour
vous aider à connaître tous les animaux de cet ordre, chez lesquels l'appétit sanguinaire se joint à la
force et à l'intelligence nécessaires pour subvenir
aux besoins de la vie. Ils ont à chaque mâchoire
deux grosses et longues canines, entre lesquelles
sont six incisives ; les molaires sont ou entièrement

5..

tranchantes, ou mêlées seulement de parties à tu—
bercules mousses, et jamais hérissées de pointes
coniques. Ils sont d'autant plus carnivores que
leurs dents sont plus tranchantes, et l'on peut
même calculer leur régime d'après l'étendue de la
surface tuberculeuse de leurs dents comparée à la
partie tranchante; ils ont l'ouïe très-fine, l'odorat
d'une extrême subtilité; ils forment deux familles:
celle des digitigrades et celle des plantigrades.

Première famille : les digitigrades, ou marchant sur
les doigts.

» Cette famille se distingue essentiellement de la
suivante en ce que les animaux qui la composent
marchent sur le bout des doigts, ce qui rend leur
course plus légère et plus rapide.

» Les chats, dont tu parlais tout à l'heure, sont

de tous les carnivores les plus fortement armés ; leurs
mâchoires, courtes, sont mues par des muscles prodigieusement forts ; leurs ongles rétractiles, qui se
redressent vers le ciel et se cachent entre les doigts,
dans l'état de repos, par l'effet de ligaments élas-
tiques, ne perdent jamais leur pointe ni leur
tranchant. Ils ont l'ouïe excessivement fine, et c'est
le plus développé de leurs sens. Leur vue ne paraît
pas avoir une portée très-longue, mais ils voient
bien le jour et la nuit ; leur prunelle se dilate et
se resserre suivant la quantité de lumière : chez
les uns elle prend, en se contractant, une forme
alongée verticalement ; chez les autres elle reste
ronde. Quoique la brièveté du museau ne laisse
pas une grande étendue à la membrane pituitaire,
ils font cependant un grand usage de leur odorat ;
ils le consultent avant de manger, et même toutes
les fois qu'une cause quelconque vient leur donner

de l'inquiétude. Leur langue est revêtue de pointes cornées très-rudes ; leur pelage est, en général, doux et fin, et toute la surface du corps très-sensible au toucher ; leurs moustaches paraissent surtout le siége d'impressions très-délicates : car lorsqu'ils en sont accidentellement privés, on remarque dans leurs mouvement un embarras singulier.

» Répandus sur la surface presque entière du globe, ces animaux ont partout des mœurs semblables. Doués d'une vigueur prodigieuse, et pourvus des armes les plus puissantes, ils n'attaquent cependant pas les autres animaux à force ouverte : la ruse et l'astuce dirigent tous leurs mouvements ; marchant sans bruit vers le lieu où ils espèrent trouver une proie, ils s'approchent, en rampant, de leur victime, puis, saisissant l'instant propice, ils fondent sur elle d'un seul bond, la déchirent de leurs ongles, et assouvissent, pour quelques heures, la soif de sang qui les dévore. Si, par bonheur, elle a pu se soustraire à ce premier assaut, son salut est presque assuré par la fuite; car merveilleusement organisés pour sauter, pour bondir, pour garder leur équilibre sur les surfaces les plus étroites, ils le sont beaucoup moins bien pour la course. Quand ils sont rassasiés, ils se retirent au centre du domaine qu'ils se sont choisi, et attendent, en dormant, qu'un nouveau besoin les presse d'en sortir. Les grandes espèces se cachent au sein des forêts touffues; les petites s'établissent sur des arbres, ou dans des terriers, quand elles en trouvent de tout faits. Ils couvrent soigneusement leurs excréments, soit par une recherche de propreté, soit pour que leur odeur n'écarte pas leur proie; ils vivent solitaires. Les sexes s'appellent par des cris aigus, s'abordent avec défiance, et se séparent avec effroi. Les mères seules éprouvent de la tendresse pour leurs petits ; les mâles les dévorent souvent. Tels sont les animaux où la force et la férocité réunies ont atteint leur dernière limite, et cependant l'homme, en prévenant leurs besoins, en les flattant par des caresses, en les punissant par la privation d'aliments, est parvenu à maîtriser ce naturel en apparence indomptable, et à rendre ces animaux doux, faciles à vivre et quelquefois très-caressants.

ZOÉ.

Je reconnais plus loin la panthère. Quel air terrible !

M. DE LUÇON.

Elle est longue de trois pieds, avec une queue

qui lui descend jusqu'au bas des jambes ; fauve en dessus, blanche en dessous, avec six ou sept rangées, sur chaque flanc, de taches noires en forme de rose, c'est-à-dire formées de l'assemblage de cinq ou six petites taches simples ; elle est répandue dans toute l'Afrique, et dans les parties chaudes de l'Asie.

» Il en est de même du tigre, de la même taille que le lion ; il a la tête plus ronde ; il est d'un jaune vif en dessus, d'un blanc pur en dessous, rayé irrégulièrement de noir en travers ; c'est le plus cruel des quadrupèdes. Il se trouve dans les Indes orientales. On a cru long-temps qu'il était impossible de l'apprivoiser ; le fait est qu'il s'apprivoise comme le lion, qu'il reconnaît bien ceux qui le nourrissent, et qu'il se familiarise facilement avec eux ; il aime les caresses, y répond, comme fait le chat, en voûtant son dos, et faisant entendre ce murmure du chat que tu appelles *rourou.*

ADOLPHE.

Voici le roi des animaux : le lion.

M. DE LUÇON.

C'est lui-même : il est long de cinq à six pieds de l'extrémité du museau à l'origine de la queue, haut de trois à quatre, remarquable par sa couleur fauve uniforme, sa tête carrée, le flocon de poils qui termine sa longue queue, et sa belle crinière. C'est le plus fort des animaux de proie.

» On croit que le lion n'a pas l'odorat aussi parfait ni les yeux aussi bons que la plupart des autres animaux de proie. On a remarqué que la grande lumière du soleil paraît l'incommoder ; qu'il marche rarement dans le milieu du jour ; que c'est pendant la nuit qu'il fait toutes ses courses ; que quand il voit des feux allumés autour des troupeaux, il n'en approche guère. On a observé qu'il n'évente pas de loin l'odeur des autres animaux ; qu'il ne les chasse qu'à vue, et non pas en les suivant à la piste. Lorsqu'il a faim, il attaque de face tous les animaux qui se présentent ; mais comme tous cherchent à éviter sa rencontre, il est souvent obligé de se cacher et de les attendre au passage ; il se tapit sur le ventre, dans un endroit fourré, d'où il s'élance avec tant de force qu'il les saisit souvent du premier bond.

» Dans les déserts et les forêts, sa nourriture la plus ordinaire sont les gazelles et les singes, quoi-

qu'il ne prenne ceux-ci que lorsqu'ils sont à terre ;
car il ne grimpe pas sur les arbres. Il mange beaucoup
à la fois, et se remplit pour deux ou trois jours. Il
a les dents si fortes qu'il brise aisément les os, et les
avale avec la chair. On prétend qu'il supporte long-
temps la faim ; mais il supporte moins patiemment
la soif, et boit toutes les fois qu'il peut trouver de
l'eau.

» Il prend l'eau en lapant comme un chien; mais
au lieu que la langue du chien se courbe en dessus
pour laper, celle du lion se courbe en dessous, ce
qui fait qu'il est long-temps à boire, et qu'il perd
beaucoup d'eau. Il préfère la chair des animaux vivants, de ceux surtout qu'il vient d'égorger. Il ne
se jette pas volontiers sur des cadavres infects, et
il aime mieux chasser une nouvelle proie que de
retourner chercher les restes de la première ; mais

quoiqu'il se nourrisse ordinairement de chair fraîche, son haleine est très-forte, et son urine a une odeur insupportable.

» La démarche ordinaire du lion est fière, grave et lente, quoique toujours oblique; sa course ne se fait pas par des mouvements égaux, mais par sauts et par bonds, et ses mouvements sont si brusques qu'il ne peut s'arrêter à l'instant, et qu'il passe presque toujours son but. Lorsqu'il saute sur sa proie, il fait un bond de douze ou quinze pieds, tombe dessus, la saisit avec les pattes de devant, la déchire avec les ongles, et ensuite la dévore avec les dents.

» Tant qu'il est jeune et qu'il a de la légèreté, il vit du produit de sa chasse, et quitte rarement ses déserts et ses forêts, où il trouve assez d'animaux sauvages pour subsister aisément ; mais lorsqu'il devient vieux, pesant et moins propre à l'exercice de la chasse, il s'approche des lieux fréquentés, et devient plus dangereux pour l'homme et les animaux domestiques. Lorsqu'il voit des hommes et des animaux ensemble, c'est toujours sur les animaux qu'il se jette, et jamais sur les hommes, à moins qu'ils ne le frappent ; car alors il reconnaît celui qui vient de l'offenser, et il quitte sa proie pour se venger.

» On prétend qu'il préfère la chair du chameau à toute autre ; il aime aussi beaucoup celle des jeunes éléphants. Ils ne peuvent lui résister lorsque leurs défenses n'ont pas encore poussé, et il en vient aisément à bout, à moins que la mère n'arrive à leur secours. L'éléphant, le rhinocéros, le tigre et l'hippopotame sont les seuls animaux qui puissent résister au lion.

» Ce fier animal peut néanmoins s'apprivoiser jusqu'à un certain point, et recevoir une espèce d'éducation. Pris jeune et élevé parmi les animaux domestiques, il s'accoutume aisément à vivre et même à jouer innocemment avec eux. Il est doux pour ses maîtres, et même caressant, surtout dans le pre-premier âge ; et si sa férocité naturelle reparaît quelquefois, il la tourne rarement contre ceux qui lui ont fait du bien. Il y aurait cependant du danger à lui laisser souffrir trop long-temps la faim, ou à le contrarier en le tourmentant hors de propos ; car non-seulement il s'irrite des mauvais traitements, mais il en garde le souvenir, et paraît en méditer la vengeance, comme il conserve aussi la mémoire et la reconnaissance des bienfaits. Sa colère est noble , son courage magnanime, et son naturel sensible. On l'a vu souvent dédaigner de petits ennemis, mépriser leur insultes et leur pardonner des libertés offensantes; on l'a vu, réduit en captivité, s'ennuyer sans s'aigrir, prendre, au contraire, des habitudes douces, obéir à son maître, flatter la main qui le nourrit, donner quelquefois la vie à ceux qu'on avait dévoués à la mort en les lui jetant en proie, et, comme s'il se fût attaché à eux par cet acte généreux, leur continuer ensuite la même protection, vivre tranquillement avec eux, leur faire part de sa subsistance, se la laisser même enlever tout entière, et souffrir plutôt la faim que de prendre le fruit de son premier bienfait.

» On pourrait dire aussi que le lion n'est pas cruel, puisqu'il ne l'est que par nécessité. Bien différent du tigre, du loup, du renard et de tant d'autres animaux d'espèce inférieure qui donnent la mort pour le plaisir de la donner, le lion ne détruit qu'autant qu'il consomme, et dès qu'il est repu, il est en paix avec toute la terre.

» Quelque terrible que soit cet animal, on ne laisse pas de lui donner la chasse avec des chiens de grande taille et bien appuyés par des hommes à cheval ; on le déloge, on le fait retirer ; mais il faut que les chiens, et même les chevaux, soient aguerris auparavant, car presque tous les animaux frémissent et s'enfuient à la seule odeur du lion. Sa peau, quoique d'un tissu ferme et serré, ne résiste point à la balle, ni même au javelot, néanmoins on ne le tue presque jamais d'un seul coup : on le prend souvent par adresse, en le laissant tomber dans une fosse profonde qu'on recouvre avec des matières légères au-dessus desquelles on attache un animal vivant. Le lion devient doux dès qu'il est pris, et si l'on profite des premiers moments de sa surprise ou de sa honte, on peut l'attacher, le museler et le conduire où l'on veut.

» L'espèce de ce noble animal paraît confinée entre les deux tropiques de l'ancien monde ; elle est beaucoup moins nombreuse qu'elle ne l'était autrefois. Dans les vastes déserts de Zaara et, en général, dans toutes les parties méridionales de l'Afrifrique et de l'Asie, où l'homme a dédaigné d'habiter, les lions sont assez en grand nombre ; ils y sont aussi plus intrépides, plus féroces, plus terribles : un seul attaque souvent une caravane entière, et lors même qu'il se sent affaibli, il ne fuit pas, mais il continue de battre en retraite en faisant toujours face, et sans jamais tourner le dos. Les lions, au contraire, qui habitent aux environs des villes et des bourgades de l'Inde et de la Barbarie sont faibles, lâches et timides au point que des femmes et des enfants leur font, à coups de bâton, quitter prise et lâcher leur proie. Ceux qui habitent les hautes montagnes, où l'air est plus tempéré, n'ont pas non plus la hardiesse, la force et la férocité de ceux qui habitent les plaines couvertes de sables brûlants ; ce qui prouve évidemment que l'excès de leur férocité vient de l'excès de la chaleur.

» Au reste, quoique le lion ne se trouve que dans les climats les plus chauds, il peut cependant subsister et vivre assez long-temps dans les pays plus tempérés ; peut-être même, avec beaucoup de soin, pourrait-il y multiplier, et la chose n'est pas sans exemple. Cependant il ne s'en trouve actuellement dans aucune des parties méridionales de l'Europe. La chair de cet animal est d'un goût désagréable et fort ; cependant les nègres et les Indiens ne la trouvent pas mauvaise et en mangent souvent ; la peau leur sert de manteau et de lit, et la graisse, qui est d'une qualité fort pénétrante, est de quelque usage dans notre médecine.

» Le guépard ou tigre chasseur se laisse facilement apprivoiser, et on le dresse pour la chasse. Il paraît que, pour s'en servir, on le conduit en croupe, et lorsqu'on est à la portée du gibier, on le lâche ; alors il s'élance, et en deux ou trois bonds il a saisi sa proie.

» Le jaguar ou tigre d'Amérique, le léopard, le couguard ou lion d'Amérique, le lynx ou loup-cervier, le chat ordinaire, sont tous de la même famille.

» Voici maintenant les hyènes. Vous en avez vu au jardin du roi : elles ont trois fausses molaires en haut, et quatre en bas, toutes coniques , mousses et singulièrement grosses ; leur dent carnassière supérieure a un petit tubercule en dedans, et en avant ; mais l'inférieure n'en a point, et ne présente que deux fortes pointes tranchantes. Cette armure vigoureuse leur permet de briser les os des plus fortes proies. Ce sont des animaux qui ont une grande force, mais peu de courage ; ils sont nocturnes, habitent des cavernes, se nourrissent principalement de charognes, de cadavres qu'ils vont déterrer jusque dans les tombeaux ; ils ne méritent nullement leur réputation de férocité ; ils sont très-faciles à apprivoiser.

ADOLPHE.

Voilà comme on nous trompe : j'ai cru, jusqu'à ce moment, que c'était l'animal le plus féroce.

M. DE LUÇON.

C'était une erreur. Il en est de même de l'hyène rayée, que les anciens connaissaient, mais sur laquelle ils ont débité beaucoup de fables : ils lui attribuaient le pouvoir de contrefaire la voix de l'homme, de fasciner les animaux. Elle a quatre pieds quatre pouces de long, sans compter la queue ; elle est grise, rayée irrégulièrement, en travers, de brun ou de noirâtre.

» Maintenant, mes enfants, parlons d'animaux moins dangereux.

ZOÉ.

Cher papa, voici un animal qui m'intéresse beaucoup ; veuille m'en faire l'explication.

M. DE LUÇON.

C'est la civette. Elle a au bas du corps une poche profonde, divisée en deux sacs, et qui se remplit d'une pommade abondante, d'une forte odeur musquée, produite par des glandes qui entourent cette poche ; c'est un article de commerce pour la parfumerie : elle est connue sous le nom de civette.

» Le parfum que produit la civette est si fort qu'il se communique à toutes les parties de son corps ; le poil en est imbu et la peau pénétrée, au point que l'odeur s'en conserve long-temps après la mort de l'animal, et que, vivant, l'on ne peut en soutenir la violence, surtout si le lieu est renfermé.

» Pour recueillir ce parfum, on met la civette dans une cage étroite où elle ne peut se tourner ; on ouvre la cage par le bout, on tire l'animal par la queue, et on le contraint de demeurer dans cette situation en mettant un bâton en travers des barreaux de la cage, au moyen duquel on lui gêne les jambes de derrière ; ensuite on fait entrer une petite cuiller dans le sac qui contient le parfum ; on râcle exactement toute les parois intérieures de ce sac, et on met la matière qu'on en tire dans un vase qu'on couvre avec soin. Cette opération se répète deux ou trois fois par se-maine. La quantité de l'humeur odorante dépend beaucoup de la qualité de la nourriture et de l'appétit de l'animal ; il en rend d'autant plus qu'il est mieux et plus délicatement nourri. De la chair crue et hachée, des œufs, du riz, de petits animaux, des oiseaux, de jeune volaille, et surtout du poisson, sont les mets qu'il faut lui offrir, et varier de manière à entretenir sa santé et exciter son goût.

» Comme on a remarqué que les civettes sont incommodées de cette liqueur quand les vaisseaux qui la contiennent en sont trop pleins, on leur a aussi trouvé des muscles dont elles se servent pour comprimer ces vaisseaux et la faire sortir. Quoiqu'elle soit en plus grande quantité dans ces réservoirs et qu'elle s'y perfectionne mieux, il y a lieu de croire qu'elle se répand aussi en sueur par toute la peau : en effet, le poil des civettes sent bon, et particulièrement celui du mâle.

» Les civettes sont naturellement farouches, et même un peu féroces ; cependant on les apprivoise aisément, au moins assez pour les approcher et les manier sans grand danger. Elles ont les dents fortes et tranchantes, mais leurs ongles sont faibles et émoussés ; elles sont agiles et même légères, quoique leur corps soit assez épais ; elles sautent comme les chats, et peuvent aussi courir comme les chiens ; leurs yeux brillent la nuit, et il est à croire qu'elles voient dans l'obscurité. Lorsque les petits animaux, oiseaux, volailles, leur manquent, elles mangent des fruits ; elles boivent peu et n'habitent pas dans les terres humides ; elles se tiennent volontiers dans les sables brûlants et dans les montagnes arides.

ZOÉ.

Ah ! maître renard par l'odeur alléché, je vous reconnais ! il a, en effet, un petit air malin.

M. DE LUÇON.

Les renards, car ce sont bien eux, ont le même système de d'entition que les chiens, mais ils ont la tête plus large, le museau plus pointu, la queue plus longue et plus touffue, des prunelles qui le jour sont en fente verticale ; ils sont nocturnes, se creusent des terriers, répandent une odeur fétide, et n'attaquent que des animaux faibles ; on en trouve des espèces dans toutes les parties du monde. Ceux des pays froids donnent une fourrure très-recherchée.

» Le renard commun est long d'un pied et demi environ, à pelage fauve varié de blanchâtre et d'un peu de noir ; la gorge, le devant du cou, le ventre, l'intérieur des cuisses et les bords

6..

de la mâchoire supérieures blancs ; le derrière des oreilles est noir, le museau roux, la queue touffue et terminée par des poils.

» Cet animal, si fameux par ses ruses, mérite en partie sa réputation : ce que le loup ne fait que par force, le renard le fait par adresse et réussit plus souvent. Sans courir le même danger, sans éprouver autant de peines, il est plus sûr de vivre. Fin autant que circonspect, ingénieux et prudent, doué de patience, il varie sa conduite ; il a des moyens de réserve qu'il sait n'employer qu'à propos. Il veille de près à sa conservation, quoique aussi infatigable et même plus léger que le loup ; il ne se fie pas entièrement à la vitesse de sa course ; il sait se mettre en sureté en se pratiquant un asile où il s'établit, où il élève ses petits. Il n'est point animal vagabond ; il est domicilié et s'attache au sol lorsque les environs peuvent lui fournir de quoi vivre. Il se creuse un terrier, s'y habitue et en fait sa demeure ordinaire, à moins qu'il ne soit inquiété par la recherche des hommes, et qu'une juste crainte ne l'oblige à changer de retraite. Ceux que l'inquiétude ou le besoin force à chercher un nouveau pays commencent par visiter les terriers qui ont été autrefois habités par des renards; ils en écurent plusieurs, et ce n'est qu'après les avoir tous parcourus qu'ils prennent enfin le parti d'en choisir un. Lorsqu'ils n'en trouvent point, ils s'emparent d'un terrier habité par des lapins, en élargissant les gueules, et l'accommodent à leur usage. Le renard n'habite cependant pas toujours son terrier : c'est un abri et une retraite dont il use dans le besoin, mais il passe la plus grande partie du temps à se tenir couché dans les lieux les plus fourrés des bois.

» Les renards dorment une partie du jour : ce n'est proprement qu'à la nuit qu'ils commencent à vivre. Leurs desseins ont besoin de l'obscurité, de l'absence des hommes et du silence de la nature. En général, ils ont les sens très-fins; mais c'est le nez qui est le principal organe de leurs connaissances. C'est lui qui les dirige dans la recherche de leur proie, qui les avertit des dangers qui peuvent les menacer. Il assure et rectifie les apercevances que donnent les autres sens, et c'est lui qui a la plus grande influence dans les jugements qu'ils portent relativement à leur conservation : aussi le renard va-t-il toujours le nez au vent.

» Ordinairement il se loge au coin des bois, à portée des hameaux; il écoute le chant des coqs et le cri des volailles; il les savoure de loin; il prend habilement son temps, cache son dessein et sa marche, se glisse, se traîne, arrive et fait rarement des tentatives inutiles. S'il peut franchir les clôtures ou passer par-dessous, il ne perd pas un instant; il ravage la basse-cour, il y met tout à mort, se retire ensuite lestement en emportant sa proie, qu'il cache sous la mousse ou porte à son terrier; il revient un moment après en chercher une autre, qu'il cache de même, mais dans un autre endroit; puis une troisième, une quatrième, etc., jusqu'à ce que le jour ou le mouvement dans la maison l'avertisse qu'il est temps de se retirer.

» Il fait la même manœuvre dans les pipées et dans les boqueteaux où l'on prend les grives et les bécasses au lacet; il devance le pipeur, va de très-grand matin, et souvent plus d'une fois par jour, visiter les lacets, les gluaux, emporte successivement les oiseaux qui se sont empêtrés, les dépose en différents endroits, surtout au bord des chemins, dans les ornières, sous la mousse, sous un genièvre, les y laisse quelquefois deux ou trois jours, et sait parfaitement les retrouver au besoin. Il chasse les jeunes levrauts en plaine, saisit quelquefois les lièvres au gîte, et ne les manque jamais lorsqu'ils sont blessés ; il déterre les lapereaux dans les garennes, découvre les nids de perdrix, de cailles, prend la mère sur les œufs, et détruit une quantité prodigieuse de gibier.

» Aussi vorace que carnassier, il mange de tout avec une égale avidité : des œufs, du lait, du fromage, des fruits, et surtout des raisins. Lorsque les levrauts et les perdrix lui manquent, il se rabat sur les rats, les mulots, les serpents, les crapauds, etc. ; il en détruit un grand nombre, et c'est le seul bien qu'il procure. Il est très-avide de miel, attaque les abeilles sauvages, les guêpes, les frelons; lorsqu'il en est piqué, il se roule pour les écraser, et il revient si souvent à la charge qu'il les oblige à abandonner le guêpier; alors il le déterre et en mange le miel et la cire. Il prend aussi les hérissons, les roule avec ses pieds, et les force à s'étendre. Enfin il mange du poisson, des écrevisses, des hannetons, des sauterelles, etc.

» Le renard a les sens aussi bons que le loup, le sentiment plus fin et l'organe de la voix plus souple et plus parfait. Il glapit, aboie et pousse un son triste et semblable au cri du paon; il a des tons différents selon les sentiments différents dont il est affecté : il a la voix de la chasse, l'accent du désir, le son du murmure, le ton plaintif de la tristesse, le cri de la douleur, qu'il ne fait jamais entendre que lorsqu'il reçoit un coup de feu qui lui casse quelque membre ; car il ne crie pas pour toute autre blessure, et il se laisse tuer à coups de bâton, comme le loup, sans se plaindre, mais toujours en se défendant avec courage.

» Il mord dangereusement, opiniâtrément, et l'on est obligé de se servir d'un ferrement ou d'un bâton pour le faire démordre. Son glapissement est une espèce d'aboiement qui se fait par des sons semblables et très-précipités. C'est ordinairement à la fin du glapissement qu'il donne un coup de voix plus fort, plus élevé et semblable au cri du paon. En hiver surtout, pendant la neige et la gelée, il ne cesse de donner de la voix, et il est, au contraire, presque muet en été. C'est dans cette saison que son poil tombe et se renouvelle : on fait peu de cas de la peau des jeunes renards ou des renards pris en été. La chair du renard est

moins mauvaise que celle du loup; les chiens et
même les hommes en mangent en automne, surtout lorsqu'il s'est nourri et engraissé de raisins,
et sa peau d'hiver fait de bonnes fourrures.

» Il a le sommeil profond, et on l'approche aisément sans qu'il s'éveille. Lorsqu'il dort, il se met
en rond comme les chiens; mais lorsqu'il ne fait que
se reposer, il étend les jambes de derrière et de
meure étendu sur le ventre : c'est dans cette posture
qu'il épie les oiseaux le long des haies. Ils ont pour
lui une si grande antipathie que, dès qu'ils l'aper-
çoivent, ils font un petit cri d'avertissement : les
geais, les merles surtout, le conduisent du haut des
arbres, répètent souvent le petit cri d'avis, et le
suivent quelquefois à plus de deux ou trois cents
pas.

» Le renard s'apprivoise moins que le loup, et ne se défait jamais de son naturel. Il faut l'enchaîner si l'on veut prévenir les ravages qu'il causerait dans une basse-cour. Mais ce qui doit paraître étonnant, c'est que ce même animal qui, lorsqu'il est en liberté, se jette sur toutes les volailles, ne touche point, lorsqu'il est enchaîné, à celles qu'on attache auprès de lui, malgré la faim qui le presse et la commodité qui l'invite à saisir la proie.

ADOLPHE.

Voici les chiens, ces bons tou-ton que nous aimons tant.

M. DE LUÇON.

Oui, voilà la race primitive ; mais le loup, le

chacal , le chien domestique appartiennnent, à cette famille.

» Les chiens ont trois fausses molaires en haut , quatre en bas, et deux tuberculeuses derrière chaque carnassière. La première supérieure de ces tuberculeuses est fort grande ; leur carnassière supérieure n'a qu'un petit tubercule en dedans ; leur langue est douce ; leurs pieds de devant ont cinq doigts, et ceux de derrière quatre ; leurs ongles sont propres à fouir, Ils ont la prunelle ronde, et sont des animaux diurnes ; leur vue est excellente, leur ouïe fine, leur odorat d'une subtilité prodigieuse ; ils mêlent des végétaux à leur nourriture animale ; ils aiment la chair corrompue. Ce sont, en général, des animaux à taille moyenne, dont les proportions annoncent la force et l'agilité ; leurs membres sont élevés, leur tête effilée, leur cou long et épais, leur poitrine large, leurs cuisses et leurs épaules charnues , leurs jambes tendineuses, leurs muscles fortement dessinés ; cependant leur allure est indécise : ils ne portent pas la tête haute ; leur regard manque de hardiesse. Ils sont plus prudents que courageux ; ils ne montrent du courage que lorsqu'ils sont pressés par la faim , ou animés d'un sentiment impérieux , comme l'attachement que leur inspire leur maître.

» Quant au chien domestique, il se distingue par sa queue recourbée, et varie d'ailleurs à l'infini par la taille , la forme, la couleur et la qualité du poil. C'est la conquête la plus complète que l'homme ait jamais faite ; l'espèce tout entière a passé sous son empire ; elle l'a suivi par toute la terre. On ferait des volumes en citant toutes les preuves de fidélité de cet excellent animal donné à l'hom-

me , dont il est l'ami le plus sûr et le plus dé-
voué.

ZOÉ.

Je reconnais monsieur le loup , qui a si bien
croqué la mère-grand' du pauvre petit Chaperon-
Rouge.

M. DE LUÇON.

Il a la queue droite , la taille de nos plus grands
chiens , et la physionomie d'un mâtin dont les
oreilles seraient droites comme celles d'un chien de
berger. Sa couleur, en général, est d'un gris fauve, et
elle vient de ce que chaque poil est alternativement,
dans sa longueur, blanc, noir et fauve ; le museau et
le devant des pattes antérieures sont noirs. On le

trouve depuis l'Egypte jusqu'en Laponie, et il paraît être passé en Amérique. Dans le Nord, son pelage devient blanc en hiver. Il vit habituellement solitaire, et ne se réunit à d'autres loups que lorsque la faim le presse ; il attaque nos animaux, et ne montre cependant pas un courage proportionné à ses forces ; il se repaît souvent de charognes. Ses habitudes et son développement physique ont beaucoup de rapports avec ceux du chien.

» Il est ennemi de toute société, et ne fait pas même compagnie à ceux de son espèce. Lorsqu'on en voit plusieurs ensemble, ce n'est point une société de paix, c'est un attroupement de guerre, qui se fait à grand bruit, avec des hurlements affreux, et qui dénote un projet d'attaquer quelque gros animal, comme un cerf, un bœuf, ou de se défaire de quelque redoutable mâtin. Dès que leur expédition militaire est consommée, ils se séparent et retournent en silence à leur solitude. Il n'y a pas même une grande habitude entre le mâle et la femelle.

» Quoiqu'au premier coup d'œil le loup paraisse parfaitement semblable au chien, cependant, en y regardant de près, on reconnaît aisément que, même à l'extérieur, ils diffèrent l'un de l'autre par des caractères sensibles. L'aspect de la tête est différent : le loup a la cavité de l'œil obliquement posée, l'orbite inclinée, les yeux étincelants, brillants pendant la nuit; il a le hurlement au lieu de l'aboiement, les mouvements différents, la démarche plus égale, plus uniforme, quoique plus prompte et plus précipitée, le corps beaucoup plus fort et bien moins souple, les membres plus fermes, les mâchoires et les dents plus grosses, le poil plus rude et plus fourré que le chien; les couleurs du poil sont : le noir, le fauve, le gris et le blanc étendus et mêlés différemment : le blanc au-dessous du corps, le fauve au-devant des jambes et du front, où il est mêlé avec le noir, qui se mélange avec le gris sur le dos.

» Le loup a beaucoup de force, surtout dans les parties antérieures du corps, dans les muscles du cou et de la mâchoire ; il porte à sa gueule un mouton sans le laisser toucher à terre, et court en même temps plus vite que les bergers ; en sorte qu'il n'y a que les chiens qui puissent l'atteindre et lui faire lâcher prise. Il mord cruellement, et avec d'autant plus d'acharnement qu'on lui résiste moins ; car il prend des précautions avec les animaux qui peuvent se défendre. Il craint pour lui, et ne se bat que par nécessité.

» Lorsqu'on le tire, et que la balle lui casse quelque membre, il crie, et cependant, lorsqu'on l'achève à coups de bâton , il ne se plaint pas comme le chien; il est plus dur, moins sensible , plus robuste, et c'est peut-être de tous les animaux le plus difficile à forcer à la course. Quoique féroce, il est timide; lorsqu'il tombe dans un piége, il est si fort et si longtemps épouvanté qu'on peut le tuer sans qu'il se défende, ou le prendre vivant sans qu'il résiste; on peut lui mettre un collier, l'enchaîner, le museler, le conduire ensuite partout où l'on veut, sans qu'il ose donner le moindre signe de colère ou faire le moindre mouvement pour sa défense.

Il a les sens très-bons, l'œil, l'oreille, et surtout l'odorat; il sent de plus loin qu'il ne voit : l'odeur du carnage l'attire de plus d'une lieue; il sent aussi de loin les animaux vivants; il les chasse même assez long-temps en les suivant du nez seul. Lorsqu'il veut sortir du bois, jamais il ne manque de prendre le vent ; il s'arrête sur la lisière, évente de tous côtés, et reçoit ainsi les émanations des corps morts ou vivants que le vent lui apporte de loin. Il préfère la chair vivante à la morte, et cependant il se nourrit de voiries, et il exhale une odeur infecte par la gueule.

» Il aime la chair humaine, et peut-être, s'il était le plus fort, n'en mangerait-il pas d'autre. On a vu des loups suivre les armées, arriver en nombre à des champs de bataille, dévorer les cadavres, et ces mêmes loups, accoutumés à la chair humaine, se jeter ensuite sur les hommes, dévorer des femmes, emporter des enfants.

» La couleur et le poil des loups changent suivant les différents climats, et varient quelquefois dans les mêmes pays. On trouve en France et en Allemagne, outre les loups ordinaires, quelques loups à poil plus épais et tirant sur le jaune. Ces loups sont plus sauvages et moins nuisibles que les autres, n'approchent jamais des maisons, vivent de chasse, et non de rapine.

» En voici un autre d'une couleur fauve : c'est le chacal ou loup doré; il est plus petit que le précédent et a le museau plus pointu; c'est un animal vorace qui chasse à la manière du chien ; il paraît lui ressembler plus qu'aucun autre animal sauvage par la conformation et par la facilité à s'apprivoiser. On trouve des chacals depuis les Indes et les environs de la mer Caspienne jusqu'en Guinée ; mais il n'est pas sûr qu'ils soient tous de la même espèce. Le cri de cet animal a quelque chose de sinistre.

7.

ZOÉ.

Parmi les carnivores, je suis étonnée de voir ici des amphibies qui paraissent habiter le bord des ruisseaux.

M. DE LUÇON.

Ce sont les loutres, animaux essentiellement chasseurs, dont les doigts, au nombre de cinq à tous les pieds, sont armés d'ongles courts et réunis, dans toute leur longueur, par une large et forte membrane, ce qui en fait aussi des animaux nageurs. Les loutres habitent, dans le voisinage ou sur le bord des eaux, un réduit qu'elles garnissent d'herbes sèches ; elles y restent cachées pendant le jour, et n'en sortent que la nuit pour chercher leur nourriture, qui consiste principalement en poisson. On en trouve dans toute l'Europe : d'abord, la loutre commune, longue de deux pieds, avec une queue d'un pied environ, brune en dessus, grisâtre en dessous ; puis la loutre de mer, deux fois plus grande que la loutre commune. Son pelage noirâtre, d'un vif éclat de velours, forme une des fourrures les plus précieuses.

» Voici encore des fourrures : ce sont les martres qui ressemblent beaucoup aux putois ; elles n'en diffèrent que par un museau plus pointu, par une langue couverte de papilles molles, et par une fausse molaire de plus en haut et en bas. Parmi elles, nous citerons la fouine, bien commune dans nos campagnes ; elle est brune, avec tout le dessous de la gorge et du cou blanchâtre ; elle se trouve dans nos forêts, et s'approche souvent de nos habitations, où elle établit quelquefois sa demeure. C'est un hôte dangereux : lorsqu'elle parvient à s'introduire dans un poulailler ou une faisanderie, elle commence à mettre à mort tout ce qu'elle peut atteindre et l'emporte ensuite pièce par pièce. Elle aime aussi beaucoup les œufs, prend les souris, les rats, les taupes, les oiseaux dans leurs nids ; elle aime aussi le miel, les semences huileuses, les graines de chenevis.

» La fouine a une odeur de faux musc, qui n'est pas absolument désagréable. Les martres et les fouines ont, comme beaucoup d'autres animaux, des vésicules intérieures qui contiennent une matière odorante semblable à celle que fournit la civette. Leur chair a un peu de cette odeur ; cependant celle de la martre n'est pas mauvaise à manger ; celle de la fouine est plus désagréable, et sa peau est aussi beaucoup moins estimée. L'espèce en est généralement répandue, et en grand nombre, dans tous les climats tempérés, et même dans les pays chauds ; mais elle ne se trouve point dans le Nord.

» On trouve à la Guiane une fouine plus grande que celle d'Europe, mais qui a la queue beaucoup plus courte à proportion du corps , et le museau un peu plus alongé et tout noir ; ce noir s'étend au-dessus des yeux, passe sous les oreilles, le long du cou , et se perd dans le poil brun des épaules. Il y a une grande tache blanche au-dessus des yeux , qui s'étend sur tout le front , enveloppe les oreilles, et forme le long du cou une bande blanche et étroite qui se perd au-delà du cou , vers les épaules. Les oreilles sont tout-à-fait semblables à celles de nos fouines ; le dessus de la tête paraît gris mêlé de poils blancs ; le cou est brun, mêlé de gris cendré ; le corps est couvert de poils mêlés comm celui du lapin qu'on appelle *riche*, c'est-à-dire de poil blanc et de poil noirâtre. Les jambes et les pieds sont couverts d'un poil luisant d'un noir roussâtre, et les doigts des pieds ressemblent plus à ceux des écureuils et des rats qu'à ceux de la fouine.

» On trouve aussi dans le même pays une autre fouine, qui ne diffère de la nôtre que par les oreilles et parce qu'elle est couverte d'un poil laineux.

» La martre commune, la martre tibeline, se trouve dans les parties septentrionales de l'Europe et de l'Asie ; sa fourrure est l'objet d'un commerce considérable : c'est un pelage d'hiver qui est recherché ; mais sa chasse est une des plus pénibles que l'on connaisse.

ZOÉ.

Encore un mangeur de poules que je reconnais.

M. DE LUÇON.

C'est le putois. Des animaux chasseurs, ce sont les plus sanguinaires ; leur carnassière d'en bas n'a pas de tubercule intérieur ; leur tuberculeuse d'en haut est plus large que longue ; ils n'ont que deux fausses molaires en haut et trois en bas ; leur tête est arrondie, et le museau, court, dépasse sensiblement la bouche ; la langue est couverte de papilles rudes ;

le pelage est fourni, brillant et doux ; leurs doigts, au nombre de cinq à tous les pieds, sont réunis, dans les trois quarts de leur longueur, par une membrane lâche ; leur queue est longue ; ils ont, de chaque côté de l'anus, des glandes qui sécrètent une matière visqueuse et fétide; leur vie est solitaire et nocturne. C'est à ce genre qu'appartient le putois commun, brun, à flancs jaunâtres, avec des taches blanches à la tête : c'est la terreur des poulaillers et des garennes.

» Voici le furet, qu'on est parvenu à apprivoiser : il est jaunâtre, avec les yeux roses ; il n'est peut-être qu'une variété du putois. On ne le trouve en France qu'à l'état de domesticité, et on l'y emploie pour poursuivre les lapins dans leurs terriers ; il nous vient de Barbarie et d'Espagne.

ADOLPHE.

Voici une petite bête à museau pointu pareille à celle que tu as prise dans un piége.

M. DE LUÇON.

C'est la belette. Elle est de couleur marron clair en dessus, blanche en dessous, longue d'environ six pouces; elle est très-commune dans nos climats, et très-redoutable pour les poulaillers, où sa petite taille lui permet de s'introduire dans les petites ouvertures. Lorsqu'une belette peut entrer dans un poulailler, elle n'attaque pas les coqs ou les vieilles poules; elle choisit les poulettes, les petits poussins, les tue par une seule blessure qu'elle leur fait à la tête, ensuite les emporte tous les uns après les autres; elle casse aussi les œufs et les suce avec avidité. Dans la mauvaise saison, elle demeure ordinairement dans les greniers, dans les granges ; souvent elle y reste au printemps pour y faire ses petits, dans le foin ou dans la paille ; elle fait la guerre avec plus de succès que le chat aux rats et aux souris, parce qu'ils ne peuvent lui échapper, et qu'elle entre après eux dans leurs trous. En été, elle va à quelque distance des maisons, surtout dans les lieux bas, autour des moulins, le long des ruisseaux, des rivières, et se cache dans les buissons pour attraper les oiseaux.

ZOÉ.

Que celles-ci sont jolies ! il y en a de brunes et de blanches.

M. DE LUÇON.

Oui, c'est l'hermine. Elle a deux pelages et porte

deux noms : en hiver, elle est blanche avec le bout de la queue noir, et porte le nom d'hermine ; pendant l'été, elle est brune en dessus et d'un blanc jaunâtre en dessous ; avec le bout de la queue noir : c'est alors le roselet. Sans être chez nous aussi commune que la belette, elle n'y est point rare ; elle recherche les contrées rocailleuses et le voisinage des habitations. Les peaux d'hiver de cette espèce sont très-recherchées comme fourrure ; et font un objet considérable de commerce ; mais l'hermine du Nord est la plus estimée, parce qu'elle est d'une blancheur éclatante.

» Nous avons maintenant à décrire une autre famille du même ordre ; mais nous laisserons cette description pour demain.

» Mes enfants, les animaux dont j'ai à vous parler

aujourd'hui sont les plantigrades; ils ont cinq doigts à tous les pieds; ils appuient la plante entière du pied sur la terre, ce qui leur donne une certaine facilité pour se dresser sur leurs membres postérieurs; leurs mouvements sont lents, et leur vie nocturne; la plupart de ceux des pays froids passent l'hiver en léthargie.

ADOLPHE.

Prenez garde, voici monsieur Martin l'ours; je ne m'y fierais pas.

M. DE LUÇON.

Tu feras bien, car les ours sont peu aimables de leur naturel, surtout lorsqu'on se permet de les attaquer. Ce sont de grands animaux à corps trapu, à membres épais, à queue très-courte ; le cartilage de leur nez est prolongé et mobile. Ce sont de tous les carnivores, ceux qui, par leur organisation sont le moins forcés à vivre de chair et ont le régime le moins carnassier : la structure de leurs dents, presque entièrement tuberculeuses, est plus favorable pour broyer les fruits et les racines que pour déchirer et couper la chair.

» Leur marche plantigrade s'oppose à la vélocité de leurs mouvements ; mais la structure de leurs membres leur donne la faculté de se tenir debout avec une singulière facilité, de monter sur les arbres. La forme de leur corps, comme la quantité de leur graisse, en fait de très-bons nageurs. Ils se construisent des cabanes ou se creusent des antres dans lesquels ils vivent solitaires et restent plus ou moins engourdis pendant l'hiver.

» Ils sont remarquables par la prudence extrême qui semble présider à toutes leurs actions; cette prudence, jointe au grand développement de leur intelligence, les tient toujours en garde contre les piéges. On en trouve des espèces dans toutes les latitudes et dans presque toutes les contrées du globe.

» L'ours brun d'Europe, à front convexe, à pelage très-épais, ordinairement brun, a communément de quatre à cinq pieds de longueur, quelquefois plus; il habite dans les hautes montagnes et dans les grandes forêts de toute l'Europe et d'une grande partie de l'Asie; il n'attaque pas ordinairement l'homme, mais, quand on le provoque, il est fort dangereux; il écrase son ennemi en le foulant aux pieds, ou l'étouffe en le serrant entre ses bras. C'est cet animal dont les jongleurs s'emparent souvent pour leurs exercices.

» L'ours blanc, que vous voyez ici, est une espèce bien distincte par sa tête alongée et aplatie, par son pelage blanc et lisse ; il est bas sur jambes, et cependant son corps est très-alongé ; il devient fort gros.

» L'ours blanc habite les régions glacées de notre hémisphère, où il se nourrit de poissons, de phoques et de jeunes cétacés ; il n'est cependant pas très-carnassier, et s'habitue très-bien à ne vivre que de pain ; il nage avec une étonnante facilité et plonge de même.

ZOÉ.

En voici plusieurs qui ne paraissent pas très-méchants.

M. DE LUÇON.

Ce sont les ratons, les coatis, les blaireaux, les gloutons; je vais vous dire deux mots sur chacun d'eux.

» Les ratons vous représentent en petit l'ours. Le raton proprement dit est gris brun, a le museau blanc, avec un trait brun à travers les yeux; la queue annelée de brun et de blanc; il a la taille du blaireau, est assez facile à apprivoiser, et remarquable par le singulier instinct de ne rien manger sans l'avoir plongé dans l'eau; il habite l'Amérique septentrionale.

» Le raton, crabier, un peu plus alongé avec la queue plus courte, habite l'Amérique méridionale.

» Les coatis, qui sont des animaux omnivores (qui se nourrissent à peu près indifféremment de fruits ou de matières animales), s'apprivoisent sans peine, et recherchent beaucoup les caresses; ils ne sont dangereux que lorsqu'ils mangent. Lorsqu'ils éprouvent de la colère, ils s'expriment par une sorte d'aboiement très-aigu ; au contraire, ils manifestent leur joie par un petit sifflement assez doux; ils habitent les forêts de l'Amérique méridionale.

» On en connaît deux espèces : le coati roux et le coati brun.

» Quant aux blaireaux, ce sont des animaux nocturnes dont la queue est très-courte, les doigts très-engagés dans la peau, et qui se distinguent surtout par une poche située sous la queue, et d'où suinte une humeur grasse et fétide; leurs poils sont longs et soyeux.

» Le blaireau d'Europe est grisâtre en dessus, noir en dessous, avec une bande noirâtre de chaque côté de la tête; il à la taille d'un chien de médiocre grandeur, mais il est bas sur jambes. C'est un animal défiant, solitaire, qui habite les bois déserts; il s'y creuse un terrier d'où il ne sort que pour chercher à manger. Les meilleures brosses à barbe sont faites de son poil.

» Cette famille se termine par les gloutons, animaux qui ont beaucoup de rapport avec les blaireaux. L'espèce la plus célèbre est le glouton du Nord; il habite les pays les plus glacés du Nord, passe pour être cruel, chasse la nuit, et se rend maître des plus grands animaux en sautant tout-à-coup sur eux de

dessus les arbres sur lesquels il se tient à l'affût.
Nous nous arrêterons là pour finir cet ordre des
carnivores, qui est très-considérable, mais dont je
vous ai décrit les individus les plus connus, afin de
vous fixer sur les causes qui les ont fait classer
au nombre des carnassiers mangeurs de chair. Demain nous passerons à un ordre moins féroce, les
insectivores, qui sont plus utiles que nuisibles à
l'homme en le débarrassant d'un grand nombre
d'insectes incommodes. »

QUATRIÈME LEÇON.

— Si je n'avais pas pris des notes, crois-tu bien,
mon frère, disait Zoé à Adolphe, que je pourrais
me souvenir de tous ces noms, de tous ces ordres?
c'est à peine si je puis me rappeler le soir même

les leçons de mon père, lorsque je fais mon petit journal.

ADOLPHE.

Je commence à voir que tu as bien fait de l'entreprendre : j'en ai reconnu trop tard la nécessité ; mais je compte sur ta complaisance, ma petite sœur, pour me le donner à copier lorsque tu auras fini.

ZOÉ.

Tu te moquais de moi au commencement; tu vois donc bien que les femmes, que tu crois si loin de messieurs les hommes, ont quelquefois de bonnes idées.

ADOLPHE.

Je n'ai jamais dit le contraire; j'ai trop compté sur ma mémoire, voilà tout. Aussi qui se serait attendu à toutes ces distinctions? Je croyais que tous les animaux se ressemblaient à peu près par les pattes et les dents; mais pas du tout, c'est justement ce qui sert à séparer les ordres.

ZOÉ.

Nous allons voir aujourd'hui le septième ordre des mangeurs d'insectes; ce n'est pas trop restaurant. Viens vite trouver notre bon père, qu'il nous dise un peu quels sont les animaux qui se contentent de si peu.

8.

Les enfants furent bientôt auprès de M. de Luçon, qui commença en ces termes :

— Vous voilà bien matinals, mes chers petits naturalistes : je parie qu'il vous tarde de savoir quels sont les animaux insectivores dont je vous ai annoncé l'histoire pour aujourd'hui :

ADOLPHE.

Justement, après avoir rêvé tigre, panthère et loup, qui ne vivent que de chair, comme des carnassiers qu'ils sont, nous désirons beaucoup d'apprendre quels sont les animaux assez sobres pour se contenter de mouches, de vermisseaux, comme le coq de la fable.

M. DE LUÇON.

Je vais vous satisfaire. Ce sont de petits animaux

dont les plus grands ne surpassent guère le chat domestique, dont la vie est généralement peu active. La plupart se tiennent cachés dans des retraites obscures ; quelques-uns se creusent des terriers ou se forment de vastes demeures souterraines, d'où ils ne sortent que rarement ; un très-petit nombre vit sur les arbres , et tous se nourrissent habituellement de matières animales, mais quelques-uns aussi de fruits.

» On les divise en deux familles : d'abord, la famille des insectivores proprement dits. Ils ont, comme les chauves-souris, des molaires hérissées de pointes coniques ; leur vie est le plus souvent nocturne ; ils se nourrissent principalement d'insectes , et, dans les pays du Nord, beaucoup d'entre eux passent l'hiver en léthargie ; ils appuient, quand ils marchent, la plante du pied tout entière sur le sol. Nous signa-

lerons de ce genre les hérissons , qui sont des animaux de petite taille, habitant le milieu des bois,
passant le jour cachés sous les pierres, dans le tronc
des vieux arbres, ou dans la mousse qui couvre
leurs racines; ils quittent leur retraite pendant la
nuit pour aller à la recherche de leur nourriture.
Les poils sont remplacés par des piquants sur toute
la partie supérieure du corps; mais aux parties inférieures on trouve des poils flexibles. La peau du
dos est garnie de muscles disposés de telle manière
que l'animal, en fléchissant la tête et les pattes vers
le ventre, peut s'y renfermer comme dans une
bourse et présenter de toutes parts des piquants à
l'ennemi. C'est à ce genre qu'appartient notre hérisson ordinaire , à oreilles courtes, à épines variées
de noir brun et de blanc sale , à poils d'un brun roux,
à queue très-courte ; il est assez commun dans les
bois ; il passe l'hiver dans son terrier. On peut l'é-

lever dans les jardins, où, sans faire aucun dégât, il détruit beaucoup d'insectes nuisibles.

» Il y a aussi les musaraignes, qui ont les mêmes dents que les hérissons, excepté que leurs deux grandes incisives supérieures sont crochues et munies d'une pointe à leur face interne ; mais ce sont des animaux plus petits que les précédents, et couverts de simples poils. Sur chaque flanc on trouve, sous le poil ordinaire, une petite bande d e soies roides et serrées, entre lesquelles suinte une humeur odorante produite par des glandes. Leurs yeux sont très-petits. Elles vivent dans les trous de murailles, et n'en sortent qu'au crépuscule. La plus commune qu'il y ait en Europe est la musaraigne commune ou musette ; elle a environ trois pouces de longueur sans la queue ; sa couleur, aux parties supérieures, est, en général, d'un brun noir lustré de roussâtre ; aux parties inférieures ; d'un gris blanc. On a dit que sa morsure était dangereuse, mais il paraît que c'est une erreur.

ZOÉ.

En voici qui ressemblent à de petits cochons.

M. DE LUÇON.

Comment ! tu ne reconnais pas les taupes ! elles sont cependant faciles à reconnaître à leur tête qui semble immédiatement attachée au tronc, tant le cou est court ; à leurs pattes antérieures, parfaitement conformées pour fouir, c'est-à-dire creuser la terre, mais très-peu propres à la marche, très-courtes, et terminées par une large main, dont la paume est toujours tournée en dehors ou en arrière; elle a cinq doigts, armés d'ongles fouisseurs aussi bien que les pieds. Le museau, prolongé au-delà des mâchoires, est terminé par une sorte de groin, au milieu duquel sont percées les narines; l'œil est extrêmement petit et caché par les poils; le pélage a la douceur du velours. On en connaît deux espèces en Europe.

» La taupe commune, que tout le monde connaît, passe avec .raison pour un animal nuisible; cependant il est faux qu'elle mange les racines des végétaux; mais elle les détruit en creusant de nombreuses galeries peu au-dessous de la surface du sol. Il arrive souvent à la taupe de s'emparer, pour construire son nid, de tiges de graminées qu'elle saisit par la racine et fait descendre peu à peu sous terres. Ses galeries sont ménagées autour du gîte

8..

ou de la partie centrale qui forme le domicile habi-
tuel de l'animal. La taupe vient rarement à la surface du sol, mais elle quitte souvent son nid pour
aller fouiller la terre au loin , et chercher les larves
d'insectes, dont elle fait sa nourriture ordinaire.
elle se nourrit aussi d'oiseaux et de grenouilles ;
Quand elle peut saisir un de ces animaux , elle lui
ouvre le ventre et le dévore avec avidité.

» C'est dans les terres douces , fournies de racines excellentes et bien peuplées d'insectes et de
vers dont elle puisse se nourrir , que la taupe
pratique sa retraite. Elle en ferme l'entrée, n'en
sort presque jamais qu'elle n'y soit forcée par
l'abondance des pluies d'été , lorsque l'eau la remplit , ou lorsque le pied du jardinier en affaisse le
dôme. Comme les taupes sortent rarement de leur
domicile souterrain, elles ont peu d'ennemis, et

échappent aisément aux animaux carnassiers. Leur plus grand fléau est le débordement des rivières. On les voit, dans les inondations, fuir en nombre à la nage, et faire tous leurs efforts pour gagner les terres plus élevées : mais la plupart périssent, aussi bien que leurs petits, qui restent dans les trous.

» Elles s'accouplent vers la fin de l'hiver ; elles ne portent pas long-temps, car on trouve déjà beaucoup de petits au mois de mai ; il y en a ordinairement quatre ou cinq dans chaque portée. Comme on trouve des petits depuis le mois d'avril jusqu'au mois d'août, il est à croire qu'elles produisent plus d'une fois par an, à moins que les unes ne s'accouplent plus tard que les autres.

» Le domicile où les taupes font leurs petits est formé avec beaucoup d'art. Elles commencent par pousser, par élever la terre et former une voûte assez élevée ; elles laissent des cloisons, des espèces de piliers de distance en distance ; elles pressent et battent la terre, la mêlent avec des racines et des herbes, et la rendent si dure et si solide par-dessous que l'eau ne peut pas pénétrer la voûte à cause de sa convexité et de sa solidité ; elles élèvent ensuite un tertre par-dessous, au sommet duquel elles apportent de l'herbe et des feuilles pour faire un lit à leurs petits. Dans cette situation, ils se trouvent au-dessus du niveau du terrain , et, par conséquent, à l'abri des inondations ordinaires , et en même temps à couvert de la pluie par la voûte qui recouvre le tertre sur lequel ils reposent.

» Ce tertre est percé tout autour de plusieurs trous en pente , qui descendent plus bas et s'étendent de tous côtés , comme autant de routes souterraines par où la mère taupe peut sortir et aller chercher la subsistance nécessaire à ses petits ; ces sentiers souterrains sont fermes et battus , s'étendent à douze et quinze pas, et partent tous du domicile, comme des rayons d'un centre. On y trouve, aussi bien que sous la voûte, des débris d'oignons de colchique, qui sont apparemment la première nourriture qu'elle donne à ses petits.

» On voit, par cette disposition, que la taupe ne sort jamais qu'à une distance considérable de son domicile, et que la manière la plus simple et la plus sûre de la prendre avec ses petits est de faire autour une tranchée qui en coupe toutes les communications ; mais, comme la taupe fuit au moindre bruit et qu'elle tâche d'emmener ses petits , il faut trois ou quatre hommes qui , travaillant ensemble avec la bêche, enlèvent la mote tout entière, ou fassent une tranchée presque dans un moment, et qui ensuite les saisissent ou les attendent aux issues.

» On a dit mal à propos que ces animaux dormaient, sans manger, pendant l'hiver entier. La taupe dort si peu pendant tout l'hiver qu'elle pousse alors la terre comme en été. Elle cherche, à la vérité, les endroits les plus chauds, et les jardiniers en prennent souvent autour de leurs couches aux mois de décembre, janvier et février.

» La taupe aveugle est une espèce récemment observée en Italie ; mais les taupes, en général , quoi qu'en disent quelques cultivateurs ignorants, ne sont pas aveugles.

ADOLPHE.

Voici, sans doute, une erreur de classification : au milieu des gravures des animaux insectivores, je trouve des oiseaux de nuit, des chauves-souris.

M. DE LUÇON.

Ce ne sont pas du tout des oiseaux, mais bien des animaux mammifères de la seconde famille des insectivores, les chéiroptères ou chauves-souris. Ces animaux ont les bras, les avant-bras et les doigts excessivement alongés, et formant, avec la membrane qui en remplit les intervalles, de véritables ailes, aussi étendues que celles des oiseaux ; aussi volent-ils très-haut et très-rapidement. Leur pouce est armé d'un ongle crochu, qui leur sert à se suspendre et à ramper ; leurs pieds de derrière sont faibles, divisés en cinq doigts égaux et tous armés d'ongles ; leurs yeux sont forts petits, mais leurs oreilles sont souvent très-grandes et membraneuses, presque nues et tellement sensibles que les chauves-souris auxquelles on a arraché les yeux continuent à se diriger, par la seule diversité des impressions de l'air, au milieu des obstacles accumulés à dessein autour d'elles. Ce sont des animaux nocturnes qui, dans nos climats, passent l'hiver en léthargie ; ils se suspendent, pendant le jour, dans des lieux obscurs.

» On en distingue deux tribus :

» 1° Les roussettes, dont les molaires sont à couronnes plates, et qui vivent presque exclusivement de fruits : ce sont les plus grands chéiroptères ; elles habitent dans les Indes orientales, où l'on mange leur chair.

» 2° Les vraies chauves-souris, qui ont toujours les molaires hérissées de pointes coniques ; elles se nourrissent d'insectes qu'elles attrapent au vol ; quelques-unes cependant s'attachent aux petits mammifères pour sucer leur sang.

» Il y a aussi le vespertilion, caractérisé par son museau sans aucun appendice ; les oreilles bien séparées l'une de l'autre, sa queue comprise dans la membrane : c'est à ce genre qu'appartient notre chauve-souris ordinaire.

» La description des insectivores dont j'ai pu

me souvenir est terminée, passons au huitième ordre : ce sont les singes de toute espèce. L'histoire de cet animal est fort curieuse.

ZOÉ.

Depuis bien long-temps, cher papa, je désire connaître le singe. Quoiqu'il soit bien laid, il m'a tellement amusé par ses tours et ses grimaces que je voudrais en connaître toutes les espèces.

ADOLPHE.

Est-il vrai qu'il ressemble à l'homme autant qu'on le dit ?

M. DE LUÇON.

On a beaucoup exagéré cette ressemblance, et les

singes apprivoisés n'ont pas peu contribué à faire propager cette erreur, par la manie qu'ils ont de contrefaire l'homme avec assez d'exactitude dans certains actes de la vie; mais vous allez voir, en écoutant avec attention les divers détails que je vais vous donner sur la conformation particulière de leurs membres, qu'ils sont loin, Dieu merci, de ressembler à l'homme.

» On les appelle cependant quadrumanes, parce qu'ils ont les membres antérieurs et les postérieurs terminés par des mains à peu près semblables à celles de l'homme, dans lesquelles le pouce, séparé des autres doigts, peut leur être opposé. Le pouce des membres antérieurs manque quelquefois, et dans un genre (les gibbons) n'est pas opposable. Ces animaux se nourrissent de fruits ou d'insectes, habitent les contrées chaudes du globe, où ils vivent dans les forêts, et presque constamment sur les arbres; ils ont, comme l'homme, les yeux dirigés en avant, les trois sortes de dents, des clavicules, des mamelles placées sur la poitrine; ils forment trois familles : les lémuriens, les sapajous et les singes

» A l'égard de l'imitation ; qui paraît être le caractère le plus marqué, l'attribut le plus frappant de l'espèce du singe, et que le vulgaire lui attribue comme un talent unique, il faut, avant de dé- cider, examiner si cette imitation est libre ou for- cée. Le singe nous imite-t il parce qu'il le veut, ou bien parce que, sans le vouloir, il le peut? Qui- conque a observé cet animal sans prévention ne pourra s'empêcher de dire qu'il n'y a rien de libre, rien de volontaire dans cette imitation : le singe, ayant des bras et des mains, s'en sert comme nous, mais sans songer à nous. La similitude des membres et des organes produit nécessairement des mouvements et quelquefois même des suites de mouvements qui ressemblent aux nôtres : étant conformé comme l'homme, le singe ne peut que se mouvoir comme lui ; mais se mouvoir de même n'est pas agir pour imiter. Qu'on donne à deux corps bruts la même impulsion ; qu'on construise deux pendules, deux machines pareilles, elles se mouvront de même, et l'on aurait tort de dire que ces corps bruts ou ces machines ne se meuvent ainsi que pour s'imiter. Il en est de même du singe relativement au corps de l'homme : ce sont deux machines construites, organisées de même, qui, par nécessité de nature, se meuvent à peu près de la même façon ; néanmoins parité n'est pas imitation : l'une gît dans la matière, et l'autre n'existe que par l'esprit. L'imitation suppose le dessein d'imiter : le singe est incapable de former ce dessein, qui demande une suite de pensées, et par cette raison l'homme peut, s'il le veut, imiter le singe , et le singe ne peut pas même vouloir imiter l'homme.

» Et cette parité, qui n'est que le physique de l'imitation, n'est pas aussi complète ici que la similitude, dont cependant elle émane comme effet immédiat ; le singe ressemble plus à l'homme par le corps et les membres que par l'usage qu'il en fait : en l'observant avec quelque attention , on s'apercevra aisément que tous ses mouvements sont brusques, intermittents , précipités, et que, pour les comparer à ceux de l'homme, il faudrait leur supposer une autre échelle ou plutôt un module différent. Toutes les actions du singe tiennent de son éducation, qui est purement animale ; elles nous paraissent ridicules, inconséquentes, extravagantes, parce que nous trompons d'échelle en les rapportant à nous, et que l'unité qui doit leur servir de mesure est très-différente de la nôtre.

» Comme sa nature est vive, son tempérament chaud, son naturel pétulant, qu'aucune de ses affections n'a été mitigée par l'éducation, toutes ses habitudes sont excessives, et ressemblent beaucoup plus au mouvement d'un maniaque qu'aux actions d'un homme ou même d'un animal tranquille ; c'est par la même raison que nous le trouvons indocile, et qu'il reçoit difficilement les habitudes qu'on voudrait lui transmettre. Il est insensible aux caresses et n'obéit qu'au châtiment ; on peut le tenir en captivité, mais non pas en domesticité ; toujours triste ou revêche, toujours répugnant, on le dompte plutôt qu'on le prive : aussi l'espèce n'a jamais été domestique nulle part, et sous ce rapport il est plus éloigné de l'homme que la plupart des animaux ; car la docilité suppose quelque analogie entre celui qui donne et celui qui reçoit : c'est une qualité relative qui ne peut être exercée que lorsqu'il se trouve des deux parts un certain nombre de facultés communes qui ne diffèrent entre elles que parce qu'elles sont actives dans le maître et passives dans le sujet. Or le passif du singe a moins de rapport avec l'actif de l'homme que le passif du chien ou de l'éléphant, qu'il suffit de bien traiter pour leur communiquer les sentiments doux et même délicats de l'attachement fidèle , de l'obéissance volontaire, du service gratuit et du dévouement sans réserve.

» Ainsi ce singe, que les philosophes , avec le vulgaire, ont regardé comme un être difficile à définir, dont la nature était au moins équivoque et moyenne entre celle de l'homme et celle des animaux, n'est, dans la vérité, qu'un pur animal portant à l'intérieur un masque de figure humaine, mais dénué à l'intérieur de la pensée et de tout ce qui fait l'homme ; un animal au-dessous de plusieurs autres par les facultés relatives, et encore essentiellement différent de l'homme par le naturel, par le tempérament et aussi par la mesure du temps nécessaire à l'éducation, à la gestation, à l'accroissement du corps, à la durée de la vie, c'est-à-dire par toutes les habitudes réelles qui constituent ce qu'on appelle *nature* dans un être particulier.

» Les lémuriens s'éloignent des suivants par l'absence du front et par leur museau très-alongé, à l'extrémité duquel sont les narines, qu'un mufle complet environne : ce sont des animaux essentiellement grimpeurs, qui font leur habitation sur les arbres ; leur pelage est très-épais, très-fin et d'apparence laineuse ; leur odorat très-délicat, leurs oreilles assez semblables à celles de l'homme, mais quelquefois beaucoup plus grandes. Ce sont des animaux crépusculaires, dont la grandeur ne surpasse jamais celle d'un chien de moyenne taille ; ils aiment la viande ; mais, dans l'état naturel, ils vivent de fruits, et surtout d'insectes.

» Les sapajous ou singes d'Amérique ont, à chaque mâchoire, quatre incisives tranchantes, deux canines de médiocre grandeur, six fausses molaires. Le caractère des mains présente dans cette famille quelques modifications : plusieurs espèces sont privées du pouce aux membres antérieurs. Leurs narines sont séparées par une cloison ordinairement large et s'ouvrant presque toujours sur les côtés du nez; ils n'ont jamais d'abajoues ni de callosités; la queue est toujours longue, souvent prenante, c'est-à dire susceptible de s'enrouler autour des objets, de manière à les saisir et à devenir pour l'animal un organe de préhension. On peut les diviser en huit genres.

» Les alouates ont la tête en forme de pyramide, le museau alongé, le visage oblique; leur cou est très-volumineux à cause du renflement considérable de l'os hyoïde, qui forme un tambour osseux : c'est à cela qu'ils doivent cette voix forte et retentissante dont parlent les voyageurs, qui s'entend, dit-on, à plus d'une demi-lieue à la ronde, et qui leur a valu le nom de singes hurleurs. Leur queue, prenante et nue à son extrémité inférieure, leur tient lieu d'une cinquième main.

9.

» Les atèles sont remarquables par l'extrême alongement de leurs membres et de leur queue ; leurs mouvements très-lents contrastent avec la pétulance des autres sapajous.

» Les lagotriches ont les membres moins disproportionnés que les précédents, auxquels d'ailleurs ils ressemblent.

» Les sajous ressemblent aux précédents, mais s'en distinguent facilement par leur queue, velue dans toute son étendue ; ils sont très-vifs, très-intelligents, et maintenant très-répandus dans nos grandes villes.

» Les saïmiris, les nocthores, les sakis, les ouistitis, appartiennent, à cette famille.

ZOÉ.

Cependant en voici quelques-uns qui ressemblent assez à de petits garçons.

M. DE LUÇON.

Ce sont les singes proprement dits. Ils ont, comme l'homme, quatre dents incisives tranchantes à chaque mâchoire, deux canines fortes, quatre fausses molaires et six molaires vraies : ce sont effectivement, de tous les animaux, ceux qui ressemblent le plus à l'homme, tant par leur apparence extérieure que par leur organisation. Le crâne est arrondi, la face peu prolongée, ordinairement dépourvue de poils ; le nez plus ou moins proéminent, les narines ouvertes au-dessous du nez, le cou court, le corps svelte, les mamelles au nombre de deux, les membres antérieurs grêles et longs, les doigts terminés, pour l'ordinaire, par un ongle plat ou fort peu arqué; leurs jambes ne présentent jamais cette saillie musculaire qui, chez l'homme, forme le mollet; leurs cuisses sont relativement très-courtes; leur talon, quand ils marchent, ne pose pas sur le sol, et ils s'appuient presque exclusivement sur le bord externe du pied; les environs de l'anus, et principalement les points où les os ischions déterminent la saillie des fesses, qui, chez eux, est peu marquée, présentent, dans la plupart, des places nues où la peau est plus ou moins rude, et qui portent le nom de callosités.

ZOÉ.

Où trouve-t on ces vilains messieurs?

M. DE LUÇON.

Ils habitent tous l'ancien continent. Quelques-uns sont constamment sur les arbres. C'est ainsi que, dans les vastes forêts, ils voyagent de branche en branche, cherchent les fruits et les œufs des oiseaux, dont ils font leur nourriture habituelle. Les individus de quelques espèces se divisent par petites troupes dirigées par un vieux mâle, le suivent et se rassemblent à sa voix. Leurs mouvements sont rapides et brusques, leur humeur est excessivement mobile ; ils passent sans motif apparent d'une action à une autre, de la tranquillité à la colère, de l'apathie à des cris perçants. Les mères soignent leurs petits avec la plus grande tendresse ; elles les portent dans leurs bras et les allaitent souvent ; mais dès qu'ils

peuvent manger seuls, cette affection naturelle dis-
paraît.

» Dans leur jeunesse, il est facile de les dresser à
toutes sortes de tours, en faisant usage d'appâts
pour leur gourmandise, ou de châtiments, dont ils
conservent très-bien le souvenir. Les singes se divisent en six genres : les orangs, les gibbons, les
semnopithèques, les guenons, les macaques et les
cynocéphales.

» Les orangs ont, pour les organes des sens, comme
pour tous les autres, une grande ressemblance avec
l'homme : leurs yeux, très-rapprochés, ont la prunelle ronde ; ils voient fort bien le jour, et ne
sont point nocturnes ; leur nez ne fait saillie que
par ses ailes et par ses narines ; il n'y a pas de

mufle; la bouche, qui est éloignée du nez plus que chez l'homme, est pourvue de lèvres minces; la langue est très-douce, l'oreille de la même forme que chez l'homme; leur ouïe est fine, et ils consultent toujours leur odorat avant de manger; ils hument en buvant et se servent de leurs mains pour puiser de l'eau; les poils qui recouvrent toutes les parties du corps, excepté la fesse et l'intérieur des mains, sont assez rares, principalement aux parties inférieures; les membres antérieurs descendent au moins jusqu'au genou quand l'animal est debout, les postérieurs sont courts proportionnellement; les quatre mains ont leur panne nue, garnie d'une peau très-douce. C'est à ce genre qu'appartient le célèbre orang-outang, celui de tous les animaux qui ressemble le plus à l'homme. Comme sa conformation a beaucoup de rapport avec la nôtre, il imite très-facilement les actions qu'il nous voit

9..

faire, mais il les répète moins machinalement que les autres espèces de singes.

» Ces animaux ont l'air triste, la démarche grave, le naturel doux et très-différent de celui des autres singes. Pris jeunes, ils s'apprivoisent aisément, et il ne faut, pour les faire obéir, que le signe ou la parole du maître. On les emploie à différents travaux domestiques, comme à tourner la broche, à piler dans un mortier, à rincer des verres, à donner à boire, à aller chercher de l'eau à la rivière, dans de petites cruches qu'ils rapportent pleines sur leur tête; mais lorsqu'ils sont arrivés à la porte de la maison, si on ne leur prend leurs cruches, ils les laissent tomber, et voyant la cruche versée et rompue, ils se mettent à crier et à pleurer.

» Ils mangent presque de tout, mais ils préfèrent

les fruits mûrs et secs à tout autre aliment, et le lait et autres boissons douces au vin. Dans l'état de liberté, lorsque les fruits leur manquent, il vont au bord de la mer, où il prennent des huîtres des crabes, etc. Pour empêcher l'huître de leur attraper la patte en se refermant, ils y jettent une pierre qui l'empêche de se fermer, et ensuite ils mangent l'huître sans crainte.

» Ils se construisent des cabanes de branches entrelacées; ils sont d'une force prodigieuse; ils font la guère à l'éléphant, et le chassent de leurs bois; ils attaquent de même les nègres, et les forcent à se battre avec eux; souvent on les a vus porter sur des arbres des enfants de sept à huit ans, qu'on avait une peine incroyable à leur ôter. Les nègres croyaient que c'est une nation étrangère qui est venue s'établir chez eux, et que s'ils ne parlent pas, c'est dans la crainte qu'on ne les fasse travailler.

» On connaît deux variétés dans l'espèce de l'orang-outang : la première, que les nègres appellent pongo, qui est au moins aussi grand et plus fort que l'homme ; la seconde, qu'ils nomment jocko, qui est beaucoup plus petit. L'espèce est répandue dans les parties méridionales de l'Afrique et des Indes.

» Battel dit, en parlant du pongo, qu'il est, dans toutes ses proportions, semblable à l'homme, mais qu'il est plus grand ; grand, dit-il, comme un géant ; qu'il a la face comme l'homme, les yeux enfoncés, de longs cheveux aux cotés de la tête, le visage nu et sans poil, aussi bien que les oreilles et les mains ; le corps légèrement velu, et qu'il ne diffère de l'homme à l'extérieur que par les jambes, parce qu'il n'a que peu ou point de mollets ; que cependant il marche toujours debout, qu'il dort sur les arbres, et se construit une hutte pour abri contre le soleil et la pluie ; qu'il vit de fruits, et ne mange point de chair ; qu'il ne peut parler, quoiqu'il ait plus d'entendement que les autres animaux ; que quand les nègres font du feu dans les bois, ces pongos viennent s'asseoir autour et se chauffer ; mais qu'il n'ont pas assez d'esprit pour entretenir le feu en y mettant du bois ; qu'ils vont de compagnie, et tuent quelquefois des nègres dans les lieux écartés ; qu'ils attaquent même l'éléphant, qu'ils le frappent à coups de bâton, et le chassent de leurs forêts ; qu'on ne peut prendre ces pongos vivants, parce que dix hommes ne suffiraient pas pour en dompter un seul ; qu'on ne peut attraper que les petits tout jeunes ; que la mère les porte marchant debout, et qu'ils se tiennent attachés à son corps avec les mains et les genoux. Le même Battel appelle enjocko la petite espèce d'orang-outang.

« Leur taille, dit M. de la Brosse, a jusqu'à six et sept pieds de haut, et ils sont d'une force sans égale. Ils cabanent, et se servent de bâtons pour se défendre ; ils ont la face plate, le nez camus et épaté, les oreilles plates, sans bourrelet, la peau un peu plus claire que celle d'un mulâtre, un poil long et clairsemé dans plusieurs parties du corps, le ventre extrêmement tendu, les talons plats et élevés d'un demi-pouce environ par-derrière. Ils marchent sur leurs deux pieds, et sur les quatre quand ils en ont la fantaisie. » « Nous en achetâmes deux jeunes, ajoute ce voyageur, un mâle et une femelle.... Nous les portâmes à bord. Quand ils étaient à table, ils se faisaient entendre des mousses lorsqu'ils avaient besoin de quelque chose ; et quelquefois, quand ces enfants refusaient de leur donner ce qu'ils demandaient, ils se mettaient en colère, leur saisissaient les bras, les mordaient, et les abattaient sous eux... Le mâle fut malade en rade ; il se faisait soigner comme une personne ; il fut même saigné deux fois au bras droit. Toutes les fois qu'il se trouva depuis incommodé, il montrait son bras pour qu'on le saignât, comme s'il eût su que cela lui avait fait du bien. »

» Suivant la relation de Henri Gross, « il se trouve de ces animaux vers le nord de Coromandel, dans les forêts du domaine du Roi de Carnate ; on en fit présent de deux, l'un mâle et l'autre femelle, à M. Home, gouverneur de Bombay. Ils avaient à peine deux pieds de haut, mais la forme entièrement humaine ; ils marchaient sur leurs deux pieds, et étaient d'un blanc pâle, sans autres cheveux ni poils qu'aux endroits où nous en avons communément. »

« Leurs actions, continue ce voyageur, étaient très-semblables, pour la plupart, aux actions humaines, et leur mélancolie faisait voir qu'ils sentaient fort bien leur captivité. Ils faisaient leur lit avec soin dans la cage dans laquelle on les avait envoyés sur le vaisseau ; quand on les regardait, ils se cachaient avec leurs mains. La femelle mourut de maladie sur le vaisseau, et le mâle, donnant toutes sortes de signes de douleur, prit tellement à cœur la mort de sa compagne, qu'il refusa de manger, et ne lui survécut pas plus de deux jours » .

François Pyrard rapporte « qu'il se trouve dans la province de Sierraliona une espèce d'animaux appelés baris, qui sont gros et membrus, lesquels

ont une telle industrie que, si on les nourrit et in-
struit de jeunesse, ils servent comme une personne ;
qu'ils marchent sur les deux pattes de derrière seulement ; qu'ils pilent ce qu'on leur donne à piler dans
des mortiers ; qu'ils vont chercher de l'eau à la rivière, etc. »

« J'ai vu à Java, dit le Guat, un singe fort extraordinaire ; c'était une femelle : elle était de grande
taille, et marchait souvent fort droit sur les pieds
de derrière. Elle avait le visage sans autre poil que
celui des sourcils, et elle ressemblait assez, en général, à ces faces grotesques des femmes hottentotes
que j'ai vues au Cap; elle faisait tous les jours proprement son lit, s'y couchait la tête sur un oreiller,
et se couvrait d'une couverture... Quand elle avait
mal à la tête, elle se serrait d'un mouchoir, et
c'était un plaisir de la voir dans son lit ainsi coif-

fée. Je pourrais en raconter diverses autres petites choses qui paraîtraient extrêmement singulières.... Il mourut à la hauteur du cap de Bonne-Espérance, dans un vaisseau sur lequel j'étais. Il est certain que la figure de ce singe ressemblait beaucoup à celle de l'homme, etc. »

« Sur les côtes de la rivière de Gambie, dit Froger, les singes sont plus gros et plus méchants qu'en aucun endroit de l'Afrique ; les nègres les craignent, et ils ne peuvent aller seuls dans la campagne, sans courir risque d'être attaqués par ces animaux, qui leur présentent un bâton et les obligent à se battre. »

» On voit que, comme nous l'avons dit, il y a, dans cette espèce de singe à figure humaine, deux races très-différentes pour la grandeur : celle du jocko ou petit orang-outang , qui n'a guère que trois ou quatre pieds de hauteur; et celle du pongo, dont la taille atteint et passe six pieds. Le jocko a été vu plusieurs fois en Europe ; mais on n'y a pas encore vu le pongo ou grand orang-outang. Tout ce qu'on en connaît est une main qui a été apportée en Hollande, et dont M. Allamant a fait graver la figure. Les proportions de cette main de pongo sont, en effet, si gigantesques qu'elles font croire à tout ce que les voyageurs viennent de nous dire sur la stature et la force prodigieuse de cet animal.

» Les autres espèces offrent moins d'intérêt ; nous n'en parlerons pas, car il faut mettre un terme à nos travaux d'histoire naturelle, qui vous font trop négliger vos autres devoirs.

» Au moins , mes enfants, n'oubliez jamais celui

de l'adoration, de l'amour et de la reconnaissance envers le Dieu dont la puissance a fait éclater toutes ces merveilles. Dieu a tout créé pour l'homme, et l'homme est le roi de la création ; c'est donc l'homme qui doit être le poète, le prêtre, le chantre de toute la nature, et tous les chants de son cœur doivent être pour le Dieu qui est sa fin magnifique et le terme de sa félicité. »

FIN.

DICTIONNAIRE.

DICTIONNAIRE

DES MOTS D'HISTOIRE NATURELLE AVEC LESQUELS LES ENFANTS SONT PEU FAMILIARISÉS.

ACÉTIQUE. — Acide acétique : c'est le vinaigre.

ACIDE. — On donne le nom d'acide à un composé d'une saveur aigre, et qui a la propriété de rougir l'infusion de tournesol.

AGGLUTINÉ. — Entortillé de matière visqueuse.

AIGUILLON. — Dard des abeilles, des guêpes et autres insectes.

ALCOHOL. — Dénomination moderne de l'esprit de vin.

AMMONIAQUE. — Composé gazeux à la température ordinaire, formé de trois volumes d'hydrogène et d'un volume d'azote, lequel, dissous dans l'eau, constitue l'ammoniaque liquide.

ANNEAUX. — On appelle ainsi, en anatomie, les pièces dont la réunion forme la partie extérieure de l'abdomen des insectes.

ANUS. — Orifice inférieur du rectum, par lequel passent les excréments.

APTE. — Qui est propre à faire quelque chose.

AQUATIQUE. — Qui est élevé, qui vit dans l'eau.

ARCHET. — Sorte de petit arc tendu avec des crins pour tirer des sons de certains instruments. Nervure de l'élytre supérieur du grillon.

ATMOSPHÈRE. — Masse d'air qui environne la terre.

AUXILIAIRES. — Ceux qui aident, qui portent secours à d'autres.

BOURSOUFFLURES ou BEZONGES. — Excroissances formées par les pucerons, qui y déposent une liqueur mielleuse, comme dans la vessie de l'ozme. A Constantinople, on mange les bezonges de la sauge, comme en France les bezonges de lierre terrestre.

BRANCHIES. — Organes respiratoires.

BRUYÈRES. — Réunion d'arbustes qui croissent dans des terres incultes.

CANICULE. — Etoile qui se lève avec le soleil en juillet et août, et à laquelle un préjugé populaire attribue les grandes chaleurs.

CARAPACE. — C'est la partie supérieure du test des tortues. La partie opposée se nomme plastron.

CARABE. — Genre d'insectes parmi les coléoptères carnassiers.

CARÉNÉ. — Se dit, en histoire naturelle, de toutes parties relevées au milieu en dos d'âne.

CAUSTIQUE. — Mordant brûlant.

CELLULES. — Cavités, alvéoles.

CHENILLE. — Etat du papillon avant sa métamorphose ; autrement dit, papillon à l'état de larve.

CHRYSALIDE. — Etat de la chenille renfermée dans sa coque, avant de se transformer en papillon.

COLÉOPTÈRES.—Insectes qui ont les ailes en étui.

COMPARTIMENTS. — Assemblage, réunion de plusieurs figures, séparations, cloisons arrangées avec symétrie.

CONIQUE. —Terme de géométrie. Qui a une forme de cône, en pain de sucre.

CONTIGU. — Se dit d'un objet qui touche immédiatement à un autre.

COQUE. — En entomologie, on entend par ce mot l'enveloppe.

CORIACÉ ou **PAPYRACÉ.** — Se dit des insectes pendant leur métamorphose.

CORSELET. — Partie du corps de l'insecte entre la tête et le ventre.

CRÉPUSCULAIRE. — Nom donné aux animaux qui ne sortent de leur retraite que vers le coucher du soleil.

CROTALES. — Nom d'un ordre de reptiles.

CRUSTACÉS. — Animaux à corps et à pieds articulés, respirant par des branchies et recouverts, en général, d'un test.

CORAPACE. — On appelle ainsi les écrevisses, les homards, les crabes.

CYLINDRIQUE. — A forme roulée, solide, rond, long et droit, à bases parallèles.

DÉGLUTITION. — Action d'avaler les aliments.

10.

DESSICCATION. — Action de dessécher un corps.

DIGITIGRADES. — Famille de mammifères carnassiers qui marchent sur la pointe de leurs ongles.

DOLICHOS. — Plantes de la famille des légumineuses.

ÉLATÉRIDES. — Nom d'une famille d'insectes.

ENTOMOLOGIE. — Histoire des insectes, de *logos* et *entomon*, entrecoupé; et, en effet, les insectes sont en trois parties, la tête, le thorax et l'abdomen.

ENVERGURE. — Longueur des ailes déployées d'un oiseau.

ESSAIM. — Volée de jeunes abeilles qui se séparent des vieilles.

EXOTIQUE. — Etranger au pays que nous habitons.

FACETTE. — Petite face comme dans les diamants à facettes.

FAUVE. — Couleur tirant sur le roux.

FOUISSEUR. — De fouir, creuser la terre.

GAVARNI. — Peintre, dessinateur très-connu.

GERME. — Embryon d'une graine, d'un œuf; partie compacte dont se forme l'animal, au centre de l'œuf.

GRAMINÉES. — Nom d'une famille de végétaux ; le blé, l'avoine, etc., sont des graminées.

GRANULÉ. — Qui est sous la forme de petits grains.

HYMÉNOPTÈRES. — Insectes à quatre ailes, les inférieures plus petites, et les femelles portant un aiguillon à l'extrémité de l'abdomen.

HEXAGONE. — Qui a six angles et six côtés.

LANET. — Espèce de filet en gaze, de forme conique, fixé à un anneau en laiton, attaché lui-même à un bâton.

LARVE. — Etat de l'insecte lorsqu'il sort de l'œuf.

LATÉRAL. — Qui appartient au côté d'une chose.

LÉPIDOPTÈRES. — Insectes ayant des ailes formées de petites écailles.

LIGAMENTS. — Espèces de faisceaux qui maintiennent les os auprès desquels ils se forment.

LINÉAIRES. — Qui a rapport aux lignes, qui se fait par des lignes, qui représente des lignes.

MARNE. — Rivière de France, qui porte ce nom à cause des terres marneuses qu'elle roule dans son sein.

MAXILLAIRE. — Qui appartient aux mâchoires.

MÉTACARPE. — Partie de la main située entre le carpe et les doigts : le carpe est le poignet.

MÉTATARSE. — Partie du pied entre le tarse et les orteils.

MICROSCOPE. — Instrument d'optique qui grossit les objets quatre cents fois, six cents fois, mille fois.

MÉTAMORPHOSE. —. Changement d'une forme en une autre.

MUE. — Changement de plumage, de poil, de peau, chez les animaux.

NERVURES. — Parties saillantes qu'on remarque sur le corps des insectes, sur les ailes.

NEUTRE. — Qui n'a pas de sexe, qui n'est ni mâle ni femelle, qui ne produit rien quant à la génération des êtres.

NYMPHE. — Etat de la larve lorsqu'elle se prépare à sa dernière métamorphose.

OESOPHAGE. — Canal conduisant à l'estomac.

ONGLET. — Crochet qui termine les tarses.

ORGANE. — Une partie du corps d'un animal qui exerce une fonction principale.

OS HYOIDE. — Qui appartient à la langue : l'os hyoïde, le muscle hyoïde.

OVOIDE. — De la forme d'un œuf.

OXYGÈNE. — Air vital.

PALMURE. — Membrane placée entre les doigts.

PALPE. — On donne ce nom à des filets presque toujours articulés, mobiles, semblables à de petites antennes, accompagnant la bouche des insectes; on les divise en palpes labiaux, portés par les lèvres, et en palpes maxillaires, portés par les mâchoires.

PARASITES. — Se dit de l'insecte qui vit sur un autre animal.

PÉDICULE. — Sorte de queue.

PENNES. — La rangée de grandes plumes de l'aile chez les oiseaux.

PHÉNOMÈNE. — Tout ce qui paraît d'extraordinaire dans l'air, le ciel ; divers effets admirables de la nature, etc.

PIPLE. — Jolie propriété située près de Sucy en Brie, à quatre lieues de Paris, appartenant à M. Hottinguer, maire de Boissy-Saint-Léger, banquier à Paris. Cette belle propriété a été habitée par madame de Pompadour. Une route qui domine toute la plaine, dont la vue est délicieuse, porte encore le nom de Pompadour.

PITUITAIRE. — Membrane qui revêt l'intérieur du nez.

PLANTIGRADES. — Animaux qui marchent sur la plante des pieds.

QUADRUPÈDE. — Qui a quatre pieds.

SCAPULAIRES. — Les plumes attachées à l'humérus ou au bras.

SERRICORNES. — Nom d'un ordre d'insectes.

SÉSAME. — Plante de la famille des bignonées.

SPOLIER. — Déposséder par fraude, par violence; dépouiller quelqu'un de ce qu'il possède.

10..

STERNUM. — Nom d'un os placé à la partie antérieure et supérieure de la poitrine.

STRIDULATION. — La sonorité, la modulation des sons.

STRIÉ. — Qui a de petites lignes enfoncées et parallèles.

SUSTENTATION. — Aliment, nourriture en quantité suffisante à l'entretien de la vie.

TARIÈRE. — Prolongement de l'abdomen, servant d'oviducte. Oviducte, appendice que les femelles ont, chez les insectes, à l'extrémité de l'abdomen, servant à déposer leurs œufs dans des trous assez profonds. L'oviducte a la forme d'un stylet, d'un sabre, etc.

TARSE. — Dernière partie de la patte : c'est une suite de petits articles qui, par leur variété numérique, par leur figure, aident beaucoup dans la méthode.

THORAX. — Poitrine.

TRACHÉE. — Vaisseau aérien. Canal qui porte l'air aux poumons.

TRIANGLE. — Figure qui a trois angles et trois côtés.

TROCHANTER. — Nom de deux protubérances ou apophyses des os du fémur chez les mammifères. Seconde pièce de la patte chez les insectes.

TRONC. — Partie du corps humain, composée de la tête, du bassin et du thorax.

TUBE. — Tuyau; en botanique, partie inférieure d'une corolle monopétale.

TUBERCULE. — Point élevé, distinct, quelquefois assez gros, qui s'élève sur une surface.

TUMÉFACTION. — Tumeur, élévation sur quelques parties du corps d'un animal.

TYMPANIQUE. — Pédoncule de l'os de la mâchoire chez les reptiles.

VASE. — Bourbe au fond des rivières et des étangs.

VÉGÉTAL. — Plante, tout ce qui appartient à l'ordre végétal.

VENTRICULES. — Cavités de l'estomac, du cœur, du cerveau.

VERTICAL. — Perpendiculaire à l'horizon.

VIBRATIONS. — Les tremblements d'une corde, etc.

FIN DU DICTIONNAIRE.

TABLE.

TABLE MÉTHODIQUE

DES

MATIÈRES CONTENUES DANS CET OUVRAGE.

PREMIÈRE LEÇON.

Les mammifères. — Les ruminants : les bœufs,
l'auroch, le buffle du Cap, le bœuf musqué, le
buffle ordinaire, le yack, le bison d'Amérique,
le mouflon d'Afrique, le mouflon de Sardaigne,

mouflon d'Amérique, les chèvres, l'ægagre, la chèvre domestique, la chèvre de Guinée, la chèvre d'Angora, le bouquetin, le bouquetin du Caucase, les antilopes, le chamois, le gnou, le tchiccara, le furcifera, le canna, le coudous, l'antilope bleue, l'antilope chevaline, l'antilope laineuse, l'antilope plongeante, le sauteur des rochers, la grimme, le guevei, la gazelle, le kevel, le dserec, le springbock, le saiga, le nanguer, la girafe, les cerfs, l'élan, le renne, le daim, le cerf commun, le cerf du Canada, celui de la Louisiane, le cerf tacheté, le chevreuil d'Europe, des Indes, de Tartarie, les chevrotains, le musc, les chameaux, le dromadaire, le chameau à deux bosses.

DEUXIÈME LEÇON.

Les pachydermes. — Le cheval, l'âne, le zèbre, le couagga, le dauw, le tapir d'Amérique, le tapir de l'ancien continent, le rhinocéros de l'Inde, celui de Java, de Sumatra et d'Afrique, l'éléphant des Indes, celui d'Afrique, les édentés, les paresseux, les tatous, les oryctéropes, les fourmilliers, les pangolins, les rongeurs, les lièvres, le lièvre commun, le lapin, le lapin de Sibérie, le lapin d'Amérique, le lièvre d'Afrique, les porcs-épics, le porc-épic d'Italie, les castors, les rongeurs herbivores, les campagnols, le rat d'eau, le schermans, le campagnol ou petit rat des champs, les rats, les souris, le mulot, le surmulot, les loirs, le lérot, le muscardin, les écureuils, l'écureuil commun, les marmottes, la marmotte des Alpes.

TROISIÈME LEÇON.

Les phoques et les morses, le phoque commun, la vache marine; les carnivores, les digitigrades : les chats, la panthère, le tigre, le lion, l'hyène, les civettes, les renards, le renard commun, les chiens, le chien domestique, le loup, le cheval, les loutres, la loutre commune, la loutre de mer, les martres, la fouine, la martre commune, la martre zibeline, les putois, le putois commun, le furet, la belette, l'hermine; les plantigrades : les ours, l'ours brun d'Europe, l'ours blanc, les ratons, le raton-crabier, les coatis, les blaireaux, le blaireau commun, les gloutons, le glouton du Nord.

QUATRIÈME LEÇON.

Les insectivores proprement dits : les hérissons, le hérisson ordinaire, les musaraignes, la musaraigne commune, les taupes, la taupe commune, la taupe aveugle ; les chéiroptères : les roussettes, les vraies chauves-souris, le vespertilion, la chauve-souris ordinaire ; les quadrumanes : les lémuriens, les sapajous, les alouates, les atèles, les lagotriches, les sajous, les saïmiris, les nocthores, les sakis, les ouistitis, les singes, les orangs.